中国科学院科普专项资助
江苏科普创作出版扶持计划项目

紫微星语

《紫微星语》编委会　编著

 南京大学出版社

图书在版编目（CIP）

紫微星语 /《紫微星语》编委会编著 . -- 南京：
南京大学出版社 , 2022.12
ISBN 978-7-305-26030-8

Ⅰ . ①紫… Ⅱ . ①紫… Ⅲ . ①天文学－普及读物
Ⅳ . ① P1-49

中国版本图书馆 CIP 数据核字 (2022) 第 143216 号

出版发行　南京大学出版社
社　　　址　南京市汉口路 22 号　　　　邮编 210093
出 版 人　金鑫荣

书　　　名　**紫微星语**
编 著 者　《紫微星语》编委会
责任编辑　王南雁　　　　　　　编辑热线　025-83595840
照　　　排　南京开卷文化传媒有限公司
印　　　刷　南京凯德印刷有限公司
开　　　本　718mm×1000mm　1/16　印张 21　字数 311 千
版　　　次　2022 年 12 月第 1 版　2022 年 12 月第 1 次印刷
ISBN　978-7-305-26030-8
定　　　价　98.00 元
网　　　址：http://www.njupco.com
官方微博：http://weibo.com/njupco
销售咨询热线：（025）83594756

《紫微星语》编委会

主 编

赵长印　毛瑞青

编 委

（以姓氏拼音为序）

陈学鹏　杜福君　季江徽　李国亮

李　婧　苏　杨　王科超　王　英

袁　强　张水乃　张　旸　赵海斌

朱听雷

图源：NASA, ESA, CSA, STScI

序 言

习近平总书记指出，科技创新、科学普及是实现创新发展的两翼，要把科学普及放在与科技创新同等重要的位置，这是新发展阶段科普和全民科学素质建设高质量发展的根本遵循。积极进行科学普及既是提高全民科学素质的关键举措，也是科技工作者的责任和义务。

天文学是推动人类社会进步和科技发展的源泉之一，也是科学普及和教育最好的切入点，不仅因为人类对宇宙与生俱来的好奇心，更在于天文学的重大发现所带给人类的自信和鼓舞。

当今，国际天文学蓬勃发展，以韦布空间望远镜（JWST）为代表的一批天文旗舰设备将把天文学带入一段"革命性的发现时代"，也是人类认识宇宙、探索太空的绝佳时期。中国天文学也迎头赶上，500米口径球面射电望远镜（FAST）、暗物质粒子探测卫星"悟空"（DAMPE）等一系列堪称世界之最的国之重器，将中国天文学带上了一个新的发展高度。

在国家战略引领和天文学大发展的带动下，天文科普的价值越发凸显。如何提高传播能力是值得科技工作者思考的问题。新时代的科普应更注重受众的需求，重点不再只是科学知识的普及，更重要的是科学方法、科学思想和科学精神的传播。

紫金山天文台的科普工作是长期保持的传统。近年来，由一线科研人员组成的科普工作委员会正积极推动科普工作高质量发展。本书是紫金山天文台近几年结合学科特色和科研成果创作的系列高品质科普作品，涉及天文学科学与技术的方方面面，深入浅出，极具可读性。相信本书会激发广大青少年对科学的热爱，让普通读者走近天文学前沿，同时也会让天文专业人士耳目一新。

常　进

2022 年 10 月

前　言

　　人类对星空的好奇和敬畏与生俱来，亘古不变，对宇宙奥秘的探索也从未止步。仰望星空是人类极致优雅的浪漫，更是一种超凡脱俗的能力。

　　天文学是一门仰望星空、探索奥秘的学科。近些年，一方面，随着重大发现和突破的不断涌现，以及诺贝尔物理学奖的频繁垂青，天文学的社会关注度持续升温，公众对相关知识的渴求也日益增加。另一方面，随着技术的快速发展和研究的逐渐深入，天文学科的划分越来越细，交叉越来越多，即便是天文专业的学者，不同研究方向之间也存在"隔行如隔山"的情形。天文科普的受众已不再仅仅是青少年学生和社会公众，也包括不同研究领域或方向的专业人士。令人欣喜的是，随着社会各界对科普工作重视程度以及对高品质科普作品的需求日渐提升，越来越多一线科研人员有了分享的热情和动力，乐于将自己的科研成果科普化，身体力行讲好科学故事。科研与科普需要有机融合、协同发展，好的科普作品应该既要让外行看得明白，又要让内行觉得新颖。

本书包含中国科学院紫金山天文台一线科研人员和专职科普工作者们 2019 年至 2020 年间撰写的科普文章共 48 篇，分为太阳活动、太阳系小天体、天外来客（陨石）、历法与天象、系外行星、宇宙掠影、探测技术与方法等七部分，涉及宇宙各层级天体的有趣现象和未解之谜，宇宙学、暗物质、引力波等前沿领域研究进展，以及相关的天文观测技术和方法等内容。我们期望，这本书可以为仰望星空的你增添一些"超能力"。

由于书中涉及的部分前沿领域发展迅速，相关的知识更新速度非常快，如有错漏之处，恳请广大读者批评指正。本书出版得到中国科学院天地生主题系列科普作品项目和江苏省科普创作出版扶持计划资助。

赵长印　毛瑞青

2022 年 10 月 4 日　重阳

contents

目　录

紫微
星语

第 7 章 探测技术与方法

目 录

1

太阳活动
SOLAR ACTIVITY

太阳是地球生命的能量源泉，为地球家园带来光明和温暖，同时太阳的活动也时刻影响着地球的空间环境。探测和研究太阳活动，才能提出应对措施，降低或避免不利影响。

1.1 极光：给你点颜色看看

在北极圈内，挪威的领土上，有一个不用签证就可以自由出入的地方，这就是斯瓦尔巴群岛（Svalbard）。

每年11月开始，整个群岛进入极夜，一直到次年的2月才能看到太阳升起。但这历时三个月的极夜，吸引着全球各地的游客和追星者，因为这里除了璀璨的星空，还有让人叹为观止的极光！

极光壮观犹如飞龙在天，神龙摆尾 | 图源：NASA

极光之美，让任何文字或语言都显得苍白，用眼睛观赏就好。

与文学和艺术不同，自然科学的魅力在于能够用数学语言定量描述各种自然现象，并且可以做到结果重现。

现在我们已经知道，极光主要是太阳剧烈爆发引起的。太阳爆发，俗称太阳"打喷嚏"。所以，极光就好像：太阳打了个喷嚏，喷了地球一脸的带电粒子。

然而，人类真正认识到这一点还是费了一番周折的。

开尔文勋爵挖的坑

19 世纪末，挪威科学家们利用家门口的便利条件，已经猜测到北极光可能与太阳有联系。但是，通往真理的道路是崎岖的，只因为有一个权威人物挖下一个大坑，还灌满了水。后果是：一段时间内，谁都迈不过去，也不敢迈过去。

这个权威就是开尔文勋爵（Lord Kelvin）！

开尔文勋爵对科学的贡献和威望都很高：他发现温度有最低下限，即绝对零度——约零下 273.15 摄氏度。热力学温度的单位开尔文（K）就是以他的名字命名的，而绝对零度就是开尔文温标定义的零点。开尔文勋爵逝世后被安葬在威斯敏斯特教堂，这里可是艾萨克·牛顿爵士最后的安息之地，开尔文勋爵的权威由此可见一斑。

接下来我们一起回顾一下他坚决否定极光与太阳关系的逻辑：

开尔文勋爵 ｜ 图源：Wellcome Images

　　　　　　　　　1. 太阳活动

估计了一下极光的能量

假设能量来自太阳

假设太阳释放这些能量是各向同性

太阳在极光期间释放的能量等于正常 4 个月所释放的能量

勋爵由此得出结论：极光的能量不可能源自太阳。

开尔文很得意地在英国皇家学会的一次周年会议上演讲了以上论断，并将整个讲稿发表在《自然》（Nature）杂志上（1892 年第 47 卷）。但是，这次他错了，错在用了一个过于想当然的假设：各向同性。他错误地认为，无论何时太阳向空间任何一个方向都辐射相同的能量。但实际情况却是：平静时太阳的辐射是各向同性的，而太阳在暴躁期发脾气时，只朝特定的方向"打喷嚏"！

历史记录中的极光

其实，看看太阳爆发和极光相关性的历史记录，就不难发现开尔文勋爵结论的荒谬。这里，我们着重介绍一下近代中国与世界同步记录的两次历史上最著名的极光。

想要欣赏极光，通常需要到距离南北磁极较近的地方。但是要说能在赤道附近看到极光，估计要被骂作痴人说梦了。

然而，大自然的奇妙总是超出我们想象。

话说 1859 年 9 月 1 日，太阳打了有史以来最猛烈的一个"喷嚏"，这就是著名的"卡林顿太阳爆发事件"。太阳这个"喷嚏"，迎面喷了地球一个"满脸花"！绚烂的极光从极区一直延伸到北纬 20° 附近。法国的夜空弥漫着五颜六色的极光；在夏威夷，夜空中漫天红色的辉光下，人们甚至不用借助灯光就可以轻松阅读。

2001 年 11 月 5 日出现在北加利福尼亚州纳帕的红色极光，与 1859 年超级极光颜色类似
| 图源：Brad Templeton 拍摄

　　我国河北省石家庄市栾城区的地方志《栾城县志》中，也记载了这次罕见的极光：

　　　　"咸丰……九年……秋八月癸卯夜，赤气起于西北，亘于东北，平明始灭。"

　　这里的"赤气"就是极光。

　　13 年后的 1872 年 2 月 4 日，地球上又发生了一次超大规模极光。这次极光的可见范围，比 1859 年那次更大。从北极到低纬度地区，甚至靠近赤道附近都能看到漫天霞光。像加勒比海地区、埃及，甚至南非、印度洋周边，包括我国南方都看到了极光。有史为证：

　　　　"清穆宗同治十年……冬十二月二十六日（1872 年 2 月 4 日）

　　　　　　　　　　　　　　　　　　　　1. 太阳活动

夜，自艮至坤，天赤如火，响晓乃灭。"（清光绪，河北《东光县志》）

"冬十二月二十六日（1872 年 2 月 4 日）夜半，红光起西北，顷刻蔽天，日出始散。"（清光绪，湖北《光化县志》）

"同治十年十二月二十七日（1872 年 2 月 5 日）丑刻，赤气满天，起东北至西南，光耀如火，云内有一星如盂，蓝色，移时始灭。"（民国，河北《民国景县志》）

原来不需要跑到两极就可以看极光！但是这样的机遇需要百年等一回。想看极光还是直接去极地吧。但是，别着急买机票，要想看到绚丽的极光，还得看太阳的脸色——看看太阳上有没有活动。

极光到底是怎么产生的呢？

我们知道，太阳是太阳系的"绝对老大"。它发脾气时会喷出大量的物质，包括高速运动的太阳高能带电粒子流（太阳风）和磁场。这支"混编部队"在太阳系内横冲直撞。所幸的是地球还有地磁场这道严密的防御网，它们努力保护着我们。但是，太阳磁场可以通过一种叫作"磁场重联"的方式，把稳固的地磁场防御网撕开一个口子，从而让太阳高能粒子一拥而入。地磁场一边继续组织防御，尽力阻挡太阳高能粒子长驱直入，一边把这些涌入的粒子束缚住，让它们只能沿磁力线去南北磁极。

地磁场在南北极呈漏斗形,陷入漏斗陷阱的太阳高能粒子不肯轻易认输,困兽犹斗。地球又拿出第二大防御武器——大气层。大气层中的"土著"气体分子或原子抱着大无畏的精神,奋不顾身与太阳粒子相撞。不同元素的原子"牺牲"时会激发出不同颜色的光:太阳高能粒子和氧原子撞击能发出绿色和红色的光,和氮原子撞击则发出紫、蓝和一些深红色的光。这些缤纷的色彩就组成了南北极上空绮丽壮观的极光。

绚烂的极光原来是地球迎战太阳后的胜利烟火!

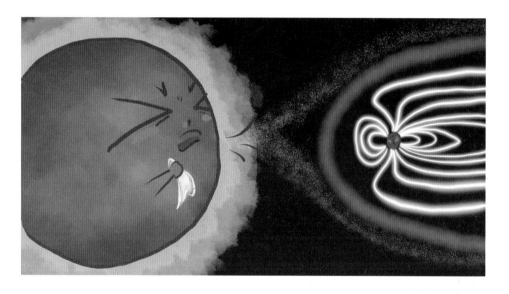

"你们小心了,本公偶感风寒,要打喷嚏了!" | 图源:紫金山天文台

我们也要清醒地认识到,太阳对地球攻击的后果,远不止产生极光这么简单。太阳剧烈活动期间,无线电通信会中断、GPS 导航会失效、卫星会发生故障,更加厉害的是,长距离输电线路也可能受到毁坏,从而引发大面积停电事故。因此,我们需要对太阳进行更持久、更细致的观测和研究。

作者简介

周团辉 中国科学院紫金山天文台助理研究员。研究方向:太阳小尺度爆发活动。

　　　　　　　　　　　　1. 太阳活动

1.2　太阳风暴来袭之日冕物质抛射

　　我们对太阳的存在早已习以为常。但大概是距离产生美，大家对太阳的热情远没有对"宇宙的起源""黑洞的形成"这些话题的高。好莱坞科幻大片《2012》中将人类史上最大一次太阳爆发和全球毁灭性灾难关联起来，然而，这是可能发生的吗？拨开云雾见日明，我们就来聊一聊太阳大气中最重要的爆发现象之一：日冕物质抛射（Coronal Mass Ejection，CME）。因为如果不了解太阳的脾气，虽不至于使地球毁灭，但是，后果还是蛮严重的。

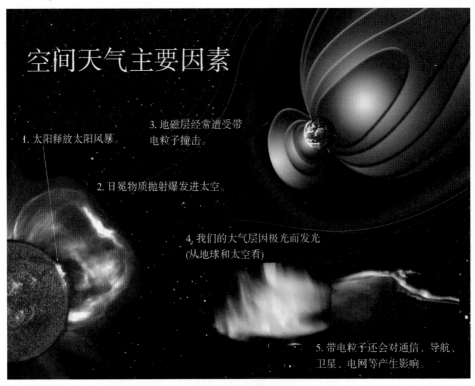

空间天气主要因素

1. 太阳释放太阳风暴。

2. 日冕物质抛射爆发进太空。

3. 地磁层经常遭受带电粒子撞击。

4. 我们的大气层因极光而发光（从地球和太空看）

5. 带电粒子还会对通信、导航、卫星、电网等产生影响。

日冕物质抛射与地球磁层相互作用，产生地磁暴和极光 ｜ 图源：NASA

1989 年的 CME 事件造成了强烈的地磁扰动，导致加拿大魁北克全省近 9 个小时的大停电，直接经济损失达上千万美元。而当时正在工作的太阳极大年使者（Solar Maximum Mission，SMM）在太阳高能粒子轰击下，轨道高度直接下降了 0.8 千米。这大大加速了该卫星的坠毁。

所以，加强对 CME 及其他太阳活动爆发的研究和监测具有极其重要的意义。

什么是日冕物质抛射？

太阳应该属于"远看静如处子，近看动如脱兔"的典型了。太阳大气实际非常活跃，它分为光球、色球、过渡区和日冕。光球就是我们日常生活中肉眼看到的太阳表面。它发出的可见光辐射远比其他层次的辐射要强。因此，通常我们完全观察不到其他层太阳大气的存在。只有发生日全食时，日面可

2008 年 8 月 1 日日全食时的太阳日冕 ｜ 图源：Pasachoff, et al. 2009

　　　　　　　　　　　1. 太阳活动

见光辐射被月亮遮挡，我们才可以直接看到日冕结构。

日冕中最剧烈的活动之一就是日冕物质抛射。顾名思义，它是指从日冕中抛射出的大量磁化物质。爆发所释放的能量可达 10^{28}~10^{32} 尔格，相当于几十亿或上百亿次核爆炸的能量，同时，那些由爆发抛射进入日地空间的磁化等离子体重量超过百亿吨，其运动速度最快能达到每秒几千千米。当 CME 向地球方向抛射时，它将经过两三天的长途跋涉到达地球。如果 CME 携带南向磁场，将和地球磁场相互作用发生磁重联过程，从而产生地磁扰动和地磁暴，还有肉眼可见的极光。

怎样才能看到日冕物质抛射？

观测日全食的机会难得，怎样才能长时间监测 CME 呢？ 1930 年，法国天文学家贝尔纳·李奥（Bernard Lyot）发明了第一台地面日冕仪，其基本设计是通过挡盘遮住太阳光球的光线，形成如同日全食的效果，然后就可以使人们不需要等待日食的发生就能在任何晴朗的白天对日冕进行直接观测了。第二次世界大战之后，空间太阳观测技术飞速发展。20 世纪 60 年代以后，美国和苏联开始利用人造卫星对太阳进行更加多样化的观测。CME的第一次清晰观测来自轨道太阳观测站 -7（Orbiting Solar Observatory 7, OSO 7），随后一系列的空间探测卫星的长期观测使得 CME 的研究开始蓬勃发展起来。高质量的观测数据显示，CME 的样子经常是这样的：

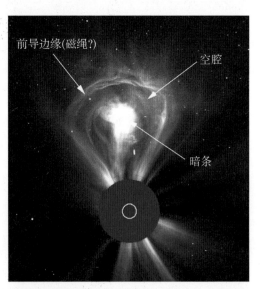

可见光日冕仪 SOHO/LASCO C3 中的 CME 及其三分量结构 | 图源：NASA

打开 CME 观测新窗口

2022 年左右，我国首颗综合性太阳探测专用卫星——先进天基太阳天文台（Advanced Space-based Solar Observatory，ASO-S）已发射升空，其科学目标就是要揭开太阳爆发的神秘面纱。卫星上将会搭载三个载荷，分别为全日面矢量磁像仪（FMG），硬 X 射线成像仪（HXI）和莱曼阿尔法太阳望远镜（LST）。除了常用的 CME 可见光观测，LST 打开了一个新的观测窗口，在紫外莱曼阿尔法波段（121.6 纳米）获取全日面和内日冕（2.5 个太阳半径之内）高时空分辨率的图像。从可见光和莱曼阿尔法两个波段上看，CME 的长相风格迥异。

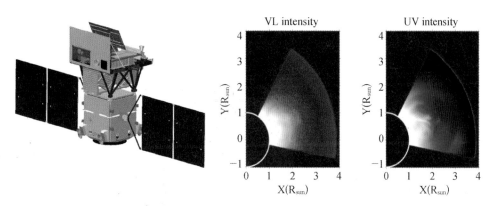

ASO-S 卫星及模拟的 CME 可见光和莱曼阿尔法波段观测 | 图源：ASO-S 和 METI

紫台 LST 团队正利用 LST 的观测优势，结合人工智能等新技术，对 CME 实行自动识别与跟踪，深入挖掘 CME 新的物理本质，以期对其进行监测和预报，为我们的航空航天通信导航等活动提供预警保障。

应蓓丽 中国科学院紫金山天文台博士研究生。研究方向：日冕物质抛射。

1. 太阳活动

1.3 "触摸"太阳，解锁奥秘

2018年8月12日，帕克太阳探测器（Parker Solar Probe，PSP）成功发射，计划驶入太阳大气，成为人类第一颗对恒星大气进行直接观测的探测器。帕克太阳探测器聚焦于太阳大气两大难题："高温日冕如何加热"和"高速太阳风如何加速"。其探测结果可能会彻底改变人们对太阳的认识，破解这两个难题将有助于科学家进一步了解并预报空间天气。2019年12月4日，《自然》杂志发表了4篇系列论文，报道了该探测器四个载荷的首批科学成果。

高温日冕和高速太阳风的发现

○日冕

日冕是太阳的外层大气，在日食时，日冕发出微弱的光，用肉眼可以直接看到。"冕"的名称最早由意大利天文学家卡西尼提出：1706年5月日食时，他将太阳外层大气描述为"淡光之冕"。

19世纪下半叶，借助光谱学的发展，人们对日冕有了更深的认识。1868年，天文学家詹森

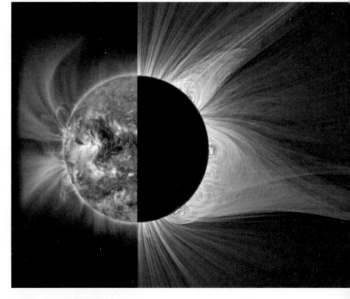

日冕极紫外和可见光的图像
| 图源：Druckmüller, et al., 2016

紫微
星语

和洛克耶在太阳边缘发现一种新的化学元素，并将这种元素命名为氦（英文名称 helium，意为"太阳金属"）。在 1869 年日全食观测中，天文学家扬和哈克尼斯独立发现日冕中存在另一种无法辨认的谱线，随后又发现了数十条未知的日冕谱线。六十年后，物理学家格罗特里安和艾德兰基于量子力学的知识，证实了这些未知的日冕谱线实际来自高度电离的铁、钙和镍等金属元素，而电离这些粒子需要几百万摄氏度的高温环境。于是，人们认识到日冕温度远高于太阳表面温度（五千多摄氏度）。

○太阳风

太阳风是从太阳大气流向行星际空间的高速粒子流。太阳风概念的萌芽源于 19 世纪下半叶，人们开始推测太阳上的活动与地球上一些特别事件之间可能存在直接关联，并逐步揭示了太阳风的存在：

1859 年，英国天文学家卡林顿发现该年 9 月一次太阳耀斑爆发后，地球磁场发生了强烈扰动（地磁暴）以及电报线路上突然出现强电流现象。

1908 年，挪威物理学家伯克兰基于多年的地球极区观测数据分析，认为地磁暴和强极光活动是从太阳传播出来的某种"代理人"的表现。

1918 年，英国科学家卡普顿认为太阳会发射"气体云"，也可以说是带电粒子流到太阳外面的"真空"环境。

1951 年，德国天文学家比尔曼基于彗星离子尾流的观测，提出太阳系中充满了来自太阳的带电粒子外流的观点。

1958 年，太阳物理学家帕克将高温日冕和比尔曼的"太阳带电粒子外流"想法结合，推算出高温日冕气体压力梯度会克服太阳重力影响，导致日冕等离子体向远离太阳的方向传播，并将之命名为"太阳风"。帕克的太阳风理论模型预言了行星际空间中存在太阳风，而非完全真空。

1959 年，苏联卫星很快证实了太阳风的存在。空间卫星观测还给出了太阳风的速度分布情况，表明其速度大小分布在 200 千米每秒至 800 千米每秒之间。

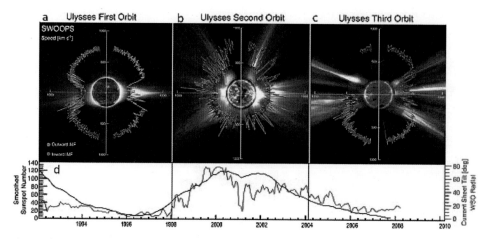

太阳风速度分布 | 图源：McComas D. J., et al., 2008

太阳大气两大难题

一方面，由于日冕温度远高于太阳低层大气温度，显然日冕热量不可能来自低层大气，因此引发了对"日冕加热问题"的深入研究。但这一问题至今没有定论。

另一方面，帕克太阳风模型虽然成功预言了太阳风的产生，但预测的太阳风速度要小于观测值，且不能解释太阳风中粒子温度各向异性的观测现象。高速太阳风和粒子温度各向异性的形成机制，目前也没有定论。

"高温日冕如何加热"和"高速太阳风如何加速"成为当今太阳和空间物理领域的两大科学难题。

一般认为加热日冕和加速太阳风的能量起源于太阳大气中磁场，以及对流层中流体运动。研究人员对这些能量如何传播到日冕以及能量如何传输给日冕带电粒子的问题存在争议，争议点可以大致归类为以下两种模型：

○阿尔文波 / 湍流模型
支持这一模型的研究人员认为两种常见的太阳现象——对流层中流体运动和太阳低层大气中磁场位形的急剧变化所激发的磁流体波，主要是阿尔文波，可以穿越日冕，一直传输到行星际空间。大尺度阿尔文波可以转换为离子回旋波和动力学阿尔文波，将能量有效传输给粒子，从而解释日冕加热、太阳风加速和粒子温度各向异性等观测现象。此外，太阳大气中阿尔文波之间发生相互作用，形成阿尔文湍流，耗散能量，也可以自洽地解释日冕加热和太阳风加速。

○磁重联 / 纳耀斑模型

这一模型认为太阳表面和下方区域的流体运动可以导致磁力线的剪切、扭转和浮现，形成电流片，进而触发磁重联，将一部分磁场能量转化为粒子热能和动能，导致日冕加热和太阳风加速。帕克还进一步提出纳耀斑概念，认为日冕底部会形成各种尺度的电流片，产生很多较太阳耀斑尺度小很多的耀斑，从而有效释放磁场能量。

这两类模型都有各自的观测证据支持。此外，研究人员还认为：太阳大气中存在磁声波引发的激波，可以加热日冕；在太阳大气中经常观测到的针状物对日冕加热也有贡献。

在日冕加热问题上，我国学者做出了一些具有重要影响的工作，如系统阐释动力学阿尔文波加热太阳大气机制，提出阿尔文波非线性耗散过程，发现加热日冕的超精细通道，基于针状物研究将太阳低层大气中的磁活动与日冕加热直接关联等。

"触摸"太阳大气的帕克太阳探测器

为了揭示太阳大气和磁场的结构、探索磁场能量的释放过程和能量输运机制，人类相继发射了多颗空间卫星观测太阳，如天空实验室（Skylab，1973—1979 年）、阳光号（Yohkoh，1991—2001 年）、太阳和日球层探测器（Solar and Heliospheric Observatory，SOHO，1995 年至今）、太阳过渡区和日冕探测器（Transition Region and Coronal Explorer，TRACE，1998—2010 年）、太阳高能光谱成像探测器（Reuven Ramaty

　　　　　1. 太阳活动

High Energy Solar Spectroscopic Imager，RHESSI，2002—2018年）、日出号（Hinode，2006年至今）、日地关系观测台（Solar Terrestrial Relations Observatory，STEREO，2006年至今）、太阳动力学观测台（Solar Dynamics Observatory，SDO，2010年至今）、过渡区成像摄谱仪（Interface Region Imaging Spectrograph，IRIS，2013年至今）等。这些卫星可以通过紫外、极紫外和X射线波段"看"太阳大气，间接辨认不同日冕加热模型。但是，各种模型都有卫星观测不同层面的证据支持，争议仍然存在。

不同于以往太阳卫星只能"看"太阳，帕克太阳探测器可以"触摸"太阳，因为它将飞到距离太阳表面仅612万千米的轨道，比以往任何探测器都更接近太阳。帕克太阳探测器能够直接探测等离子体、电磁场和高能粒子，观察小尺度结构及其动力学过程，从而直接检验加热日冕和加速太阳风的微观物理机制。

帕克太阳探测器示意图｜图源：parkersolarprobe.jhuapl.edu

此次帕克太阳探测器的首批科学发现，还只是探测器在距离太阳表面约

3 800 万千米至 2 500 万千米处的观测结果，便已更新了我们对内日球动力学过程的认知。

○ "之形" 磁场结构具有高发生率

探测器通过磁场观测发现内日球中磁场方向经常发生反转，持续时间为几秒钟到几分钟，伴随着等离子体喷流和强电磁能量，该类磁场变化被昵称为 "之形" 磁场结构。"之形" 磁场结构具有高发生率和大振幅，因而被认为携带了日冕加热和太阳风加速的信号。

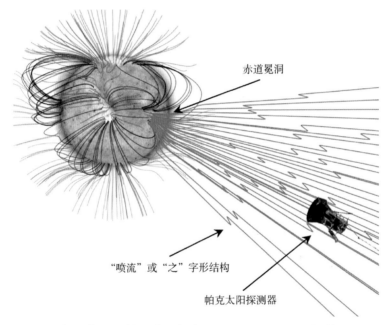

赤道冕洞

"喷流" 或 "之" 字形结构

帕克太阳探测器

"之形" 磁场结构示意图 | 图源：Kasper JC, et al., 2019

○无处不在的等离子体波和湍流

探测器利用电磁场仪器的观测证实了内日球中多种等离子体波的存在，以及从大尺度延伸到小尺度的湍流。探测到的等离子体波动强于地球附近波动，近日区域存在小尺度湍流的结果也有些出乎意料。这些观测佐证了等离子体不稳定性和湍流在太阳风动力学过程中起到的重要作用。

1. 太阳活动

○太阳风的旋转速度高于理论预期

太阳风电子、阿尔法粒子和质子探测仪发现：探测器轨道近日点太阳风的旋转速度高达 35 千米每秒至 50 千米每秒，远超过经典理论预测值（几千米每秒）。这一结果颠覆了对近日太阳风旋转速度的已有认知，也引发了对恒星如何损失角动量和随时间自旋减慢理论的重新探讨。

除以上发现外，帕克太阳探测器还直接观测到了日冕外部区域高能粒子辐射环境，以及粒子加速和传输过程，并且首次在观测上证实了宇宙尘埃变稀薄的推论。这些结果也将推动对内日球物理过程的研究。

展望

我国已在 2022 年左右发射了首颗太阳探测卫星——"先进天基太阳天文台"（ASO-S）。卫星搭载全日面矢量磁像仪、硬 X 射线成像仪和莱曼阿尔法太阳望远镜等仪器，将全面探索太阳磁场结构、太阳耀斑和日冕物质抛射的动力学过程以及日冕动力学过程。

欧洲空间局（European Space Agency, ESA）在 2020 年发射了"太阳轨道探测器"。该探测器搭载十个载荷，将对太阳进行成像观测、并将直接探测太阳风中的等离子体、电磁场和高能粒子，其科学目标涉及日冕和太阳风的动力学过程。

太阳已经进入它有人类历史记载以来的第 25 个活动周期，这些探测器将与帕克太阳探测器一起，对太阳展开全方位、多角度和多尺度的联合观测，更加全面地揭示日冕和太阳风中的动力学过程，以期待彻底解决日冕加热和太阳风加速问题。

作者简介 **赵金松** 中国科学院紫金山天文台项目研究员。研究方向：太阳大气和太阳风中等离子体波和粒子动力学。

1.4 太阳：我有一副隐形的口罩

话说，很久以前，有一个人摆摊卖矛和盾，一边夸他的盾最坚固，什么东西也戳不破；一边又夸他的矛最锐利，什么东西都能刺进去。旁边摆瓜摊的人问他："拿你的矛来刺你的盾，会怎样？"卖者被问得哑口无言，无话可答。这就是在中国人人皆知的千古悖论"自相矛盾"的故事。

不过，大家可能不知道的是，亿万年来，太阳活动区类似的矛盾大对决无时不在上演着。而在幕后操纵着一切的竟是太阳磁场。

磁场"矛"性的一面表现为太阳磁场就像是一个绷紧了的牛皮筋，弹性十足，使得缠绕在一起的磁场形成了一根极具爆发能力的磁绳。布满磁绳的太阳由此成了一颗活动恒星，是个十足的"愤青"。在太阳系里，这位"愤青"的老大常常发脾气、"打喷嚏"，

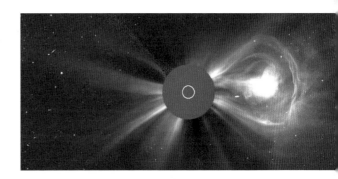

太阳磁绳爆发 | 图源：SOHO/LASCO/C3

喷出大量的物质，包括高速运动的太阳高能带电粒子流、等离子体和磁场，厉害的时候会喷地球一脸的粒子和磁场。

所幸的是地球磁场筑起了一道道严密的防御网，努力保护着人类。我们都得特别感谢地球磁场，它是人类的忠诚卫士。这就是磁场"盾"性的一面。究其根源，是因为磁场拥有让带电粒子无法抗拒的魅力，以至于行进中的带电粒子邂逅磁场的时候，会情不自禁地围绕磁场翩翩起舞，忘记原来的行程。五颜六色的极光则是最好的伴舞！

1. 太阳活动

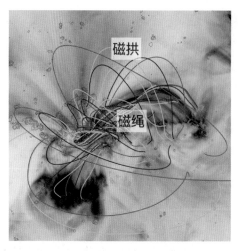
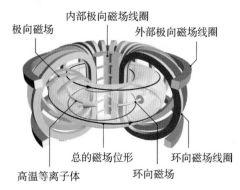

左：模拟太阳活动区对等离子体磁绳的约束。磁场分成磁拱和"躺"在其中的磁绳
右：模拟太阳活动区——"人造太阳"
| 图源：紫金山天文台，宿英娜（左）；Alexandre Bovet(右)

我们一般只知道太阳打喷嚏是太阳磁场惹的祸，但恰恰是磁场"盾"性的一面让太阳磁场变成了保护人类的第一道防线：太阳上的磁拱抑制了太阳往外的爆发。通俗地讲，他老人家打喷嚏的时候，口罩就已经被戴上了。可以看出，太阳磁场是集爱和恨于一身、集情和仇于一体，是矛盾的统一。"盾"性的一面使得磁场成为能够控制住百万度高温等离子体的口袋。受控核聚变就是利用磁场来约束核聚变产生的高温物质，俗称"人造太阳"。

太阳利用磁场材料做成的是一个透明隐形的"口罩"，很多的时候抑制住了自身的喷嚏，形成了"失败的暗条爆发"（failed filament eruption）——这是我们在 2003 年发现的。暗条（filament）有时是磁绳的一种表现，现如今"失败的暗条爆发"已经成为太阳物理学科中经常出现的名词，谷歌上搜索该词条会出现数万条记录。

世上无常胜，太阳"口罩"有时候也会架不住巨大"喷嚏"的轰击。这时，"喷嚏"会穿透"口罩"，磁绳成功爆发，甚至能够到达地球。但是，别忘了地球也有磁场！地球也戴着"口罩"。太阳磁场和地球磁场为保护人类形成了双保险。

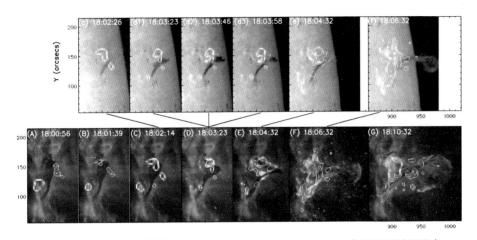

本文作者联合 TRACE 卫星观测并首次命名的 failed filament eruption（失败的暗条爆发）
上：地面观测；下：空间观测，轮廓线为 RHESSI 卫星观测到的 X 射线辐射 | 图源：作者

    太阳磁绳穿越自身防线——磁拱的时候，遇到的阻力会越来越小，但是，磁绳自身的力量也在衰减，胜负取决于最后的力量对比。这里有个专业术语：环形不稳定性。当磁拱的强度随高度衰减得厉害的时候，即便是强弩之末的磁绳也能战胜奄奄一息的磁拱。这时，口罩被穿透，用科学的语言即为：环形不稳定性发生了！

    太阳磁场是一个矛盾体，它生动地诠释了中国的千年悖论。在太阳上活跃的磁绳对我们构成威胁的同时，磁拱却在默默地为我们地球家园构筑着第一道防线。像所有幕后英雄一样，默默无闻，却负重前行。

作者简介   **季海生**   中国科学院紫金山天文台研究员。研究方向：太阳物理、空间天气。

1. 太阳活动

1.5 到太阳表面"划船"会是一种什么样的体验？

让我们荡起双桨　　　　四周环绕着绿树红墙
小船儿推开波浪　　　　小船儿轻轻 飘荡在水中
海面倒映着美丽的白塔　迎面吹来了凉爽的风

　　这首动听的歌曲，描绘了童年划船游玩时的欢快情景。在地球上，正是由于存在一种流体——液态水，人类才能够享受在其中划船、游泳带来的欢乐。然而，如果把这种流体换成太阳表面炽热的等离子体，在那里"划船"，该是一种什么样的体验呢？

让我们荡起双桨 ｜ 图源：紫金山天文台

　　2020 年，中国科学院紫金山天文台太阳活动的多波段观测研究团组与云南天文台的同事一起利用天文望远镜非常幸运地观测到了一例在太阳表面运动（游泳）的小黑子，它可以告诉我们在太阳表面"划船"的感受。

　　太阳表面温度大约为 5 700 多开尔文，这一温度已经足以使电子脱离原子，从而成为等离子体态——物质的第四态。顾名思义，等离子体除了具有普通流体的特征，还主要受电磁力的支配。因此，在太阳上"划船"会产生一系列电磁现象，我们称之为磁流体力学过程。

如下图展示的，在小黑子向橙色箭头所指方向快速"游动"的时候，在其前方不断地产生类似水波纹的现象，这其实就是等离子体的流体特性所带来的现象。另一方面，这些波纹结构还有一个非常明显的特征：它们要比周围环境暗很多，也就是说它们的温度要比周围低很多。然而，是什么原因导致黑子前方温度下降，这一度让研究人员非常费解。

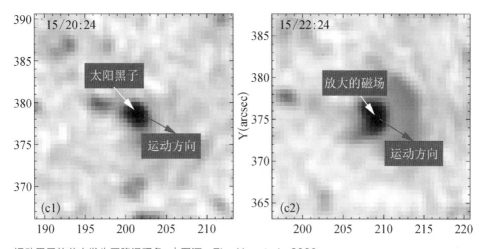

运动黑子的前方发生了降温现象　| 图源：Zhe Xu, et al., 2020

其实，以往在太阳表面经常可以观测到这种纤维状的暗结构，我们称之为黑子半影。黑子半影是由于黑子本影的强磁场倾斜后，抑制了当地热对流，从而形成的一种相对冷暗的结构。从观测上看，黑子半影通常是以本影为中心，沿着径向向外排列的纤维状的结构。下图给出了太阳上的一个典型的黑子群，从中可见典型的黑子本影和半影结构。

　　　　　1. 太阳活动

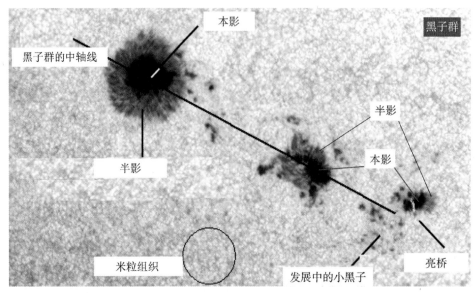

本影

黑子群的中轴线

黑子群

半影

本影

半影

米粒组织

发展中的小黑子

亮桥

处于太阳光球背景中的一个典型的黑子群，太阳光球背景像一锅煮沸了的稀饭，布满了热量往上传递的痕迹，即米粒组织 | 图源：ESO

综合以上观测特征，研究人员一开始认为，这次在小黑子前方的暗结构或许与黑子半影类似，都是因为磁场增强抑制了当地热对流传导，从而导致了温度下降。这一观点在随后的磁场测量上也得到了进一步的确认。但是，这个解释也有矛盾的地方：不管是成像观测还是磁场测量都显示，前方结构与小黑子并不相连，也就是说磁场并非来自小黑子，其排列方向与通常观测的黑子半影明显不同。特别地，这些暗结构只在黑子运动的时候出现，当黑子减速后，便逐渐消失。那么，磁场到底来自哪里？为什么暗结构只会在黑子运动的时候才产生呢？

通过理论计算，研究人员确信这是太阳等离子体的"电磁"特性在起作用。当黑子快速游动的时候，就像是一根导线在切割磁场，其内产生了非常明显的感应电流。出现感应电流后，周围的磁场就会阻碍黑子的运动。在这一过程中，黑子运动的动能便会转换为太阳局地的磁能，从而实现局地磁场的增强。当局地磁场足够强时，便开始抑制当地的热对流传导，从而形成冷暗的条纹状的结构。

紫微
星语

从这一个事例来看，要想在太阳上航行，我们不仅要克服流体本身的阻力，还需要克服来自前方磁场的阻力。同时，前方的磁场会得到放大，航行的前方流体会变得黑暗。船儿减速或飘过以后，这些气体又变亮了。这一场景仿佛是在沸腾的烈焰中穿行，前方刺眼的火光自动退让，露出一条相对凉爽的通道，待通过以后，一切又被烈焰覆盖，风景可谓魅力十足。

　　最后用这首改编了的《让我们荡起双桨》表达在太阳上航行的感觉：

　　　　让我们荡起双桨
　　　　小黑子推开波浪
　　　　前面出现了魅力的磁场
　　　　四周环绕着沸腾的气浪
　　　　小黑子轻轻 飘荡米粒中
　　　　迎面刮来了凉爽的风
　　　　……

　　注：
　　改编的歌曲来自《让我们荡起双桨》，作词：乔羽，作曲：刘炽。
　　前方磁场的出现，导致了温度降低，同时产生了对流的凉爽风。

作者简介 中国科学院紫金山天文台太阳活动的多波段观测研究团组。

1. 太阳活动

1.6 太阳表面的"石榴籽"：米粒组织

2020 年 1 月 29 日，美国国家科学基金会（National Science Foundation）的丹尼尔·井上建太阳望远镜（Daniel K. Inouye Solar Telescope，DKIST）终于睁开"巨眼"，观测到了目前世界上最清晰的太阳图像。DKIST 位于夏威夷毛伊岛最高峰哈莱阿卡拉山上，是现在世界上最大口径的太阳光学望远镜，它的主镜直径足足有 4.24 米。

丹尼尔·井上望远镜和主镜 | 图源：NSO/NSF/AURA

最清晰的太阳图像是什么样子呢？

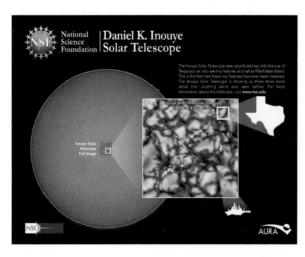

DKIST 拍摄的当前世界上最高分辨率的太阳光球图像，左侧金黄色圆盘是全日面太阳色球图像，中心白方框表示是 DKIST 的观测视场 | 图源：NSO/NSF/AURA

紫微星语

DKIST 第一次睁眼，看的是太阳光球层。图像中包含许多类似石榴籽一样的明亮不规则多边形，这些"石榴籽"叫作米粒组织。但米粒组织并不像真正的石榴籽一样紧挨在一起，有暗黑间隙把它们间隔开。有些米粒暗隙中还会出现许多亮点或亮斑。最小的暗隙亮点直径大约为 30 千米，接近曼哈顿岛的大小，快赶得上半个太湖。最小的暗隙亮点都这么大，而一个米粒组织的大小呢？图上标注显示，一个小米粒的大小抵得上美国得克萨斯州（约 70 万平方千米），接近我国青海省的面积（约 72 万平方千米）。

也就是说，DKIST 能够看清太阳光球层上 30 千米尺度的细节特征！

六朝古都南京的著名旅游胜地紫金山，东西长大约有 6 千米，也就是要 5 座紫金山的长度才能达到 30 千米。对我们个人来说，一座紫金山已经很大了，5 座紫金山更是不得了——30 千米有这么大，为什么天文学家会为能看清太阳上 30 千米尺度的东西而激动呢？

生活常识告诉我们，物体离得越远，目视就越小。如果我们看 1 千米外一个 2 米高的人，那么这个人的目视大小相当于看 5 米外的一个 1 厘米高的"人"。如果距离足够遥远，哪怕是 5 座紫金山这么大的物体，我们目视也会看不清。

太阳系天体大小对比（左）；"目视"太阳 一指遮日（右）| 图源：Lsmpascal（左）；作者（右）

太阳是太阳系最大的天体，质量是地球的 33 万倍，直径约是地球的 109 倍。如此巨大的太阳，目视大小是多少呢？如果你对着太阳伸直胳膊，

1. 太阳活动

然后伸出一个手指，那么太阳的目视尺寸只有半个指头宽。这是因为太阳与地球之间平均距离足足有 1 亿 5 千万千米，光都要跑 500 多秒！直径为 140 万千米的太阳，看上去都只有半个手指头宽，那太阳上 30 千米大的东西，更是小得无法看清，只能利用米级地面光学望远镜才能分辨出来。

现在能理解天文学家们为什么会因为能看清太阳上 30 千米大小的特征而欣喜若狂了吧！

太阳光球层上的"石榴籽"是什么？

太阳是一个气体大火球，质量的 71% 是氢，27% 是氦，其他元素约占 2%。太阳核心的温度高达 1 500 万开尔文，密度是我们地球上水密度的 150 倍。这种极端条件下，太阳核心每时每刻都进行着四个氢原子聚变成一个氦原子的热核聚变反应，每秒钟大约有 600 亿吨氢元素参与聚变反应，约 400 万吨物质转变成能量。根据爱因斯坦的质能方程，这些能量相当于 9 000 万亿吨 TNT 炸药同时爆炸。正是这些能量供应着太阳散发光和热，照亮了整个太阳系。从核心向外，太阳的温度逐渐降低，到光球层时，温度已经降到约 6 000 开尔文，而光球层内的对流层温度在几十万开尔文。如此强的温度差，导致对流层上部和光球层之间有非常剧烈的物质对流运动，就产生了米粒组织。

对流运动在日常生活中很常见。我们在烧水或煮稀饭时，都是从底部开始加热。底下温度高，上面温度低，高温物质从下往上运动，在表层就会出现胀大并破裂的气泡。这就是典型的对流运动的结果。

天文学家们做的一个演示实验显示，在锅内倒入黏稠的液体，

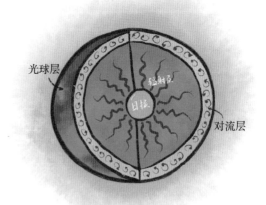

太阳内部大气结构 | 图源：紫金山天文台

然后用电炉加热，受热的液体上下对流形成的气泡形状和变化情况与太阳米粒组织非常接近。

明明像"石榴籽"，为何叫米粒组织？

　　这是因为在早期进行太阳观测时，望远镜口径小，分辨率不够，只能看清太阳光球层上 1 000 千米以上尺度的结构，而一个米粒组织的直径就在 1 000 千米左右。用小口径望远镜观测太阳表面，只能看到一个个的明亮小颗粒，就像是布满了大米一样。根据天文学家估计，整个太阳光球层表面大约有 400 万个米粒组织。随着分辨率从低到高变化，太阳光球层的"米粒"也变成了"石榴籽"。

　　除了 DKIST，世界上还有其他的米级太阳光学望远镜，比如美国大熊湖太阳天文台的古德太阳望远镜（Goode solar telescope，GST），还有我国云南天文台的新真空太阳望远镜（New Vacuum Solar Telescope，NVST）。GST 主镜口径有 1.6 米，位于美国加利福尼亚州南部的大熊湖畔，此处海拔 2 000 多米，干旱少雨，大气视宁度好。从

DKIST 拍摄的米粒组织与石榴籽
| 图源：NSO/NSF/AURA（左）；Public Domain Pictures. net（右）

　　　　　　　　　　　　　　　　　1. 太阳活动

GST对米粒组织的连续观测中，我们可以看到这些米粒组织一直变化着，永不停息，每个米粒都会经历出生，胀大，最后从中间出现一条暗隙，把成熟的米粒分裂成几个小米粒的过程，平均寿命约为8分钟。

一般认为对流层的高温物质持续从米粒的中间浮现出来，然后往边缘扩散，冷却后从米粒暗隙下沉。如果细心观察还会发现，并不是所有的米粒暗隙都会出现亮点。由于米粒的运动变化，亮点被不断挤压，有的从一个大亮点分裂成多个小亮点，有的从几个小亮点汇聚成一个大亮点或亮链。如果把米粒组织图像与太阳光球磁场图像进行对比，会发现有亮点的米粒暗隙往往对应着强磁场，而没有亮点的米粒暗隙对应的磁场则很弱。

美国大熊湖太阳天文台的 GST ｜图源：作者

我国的 NVST，安放在中国科学院云南天文台的抚仙湖太阳观测站，位于云南省昆明市澄江县的抚仙湖畔。这里风景优美，湖水清澈，空气洁净，视宁度好。NVST 的主镜直径有 1 米，分辨率仅次于 GST。NVST 从

位于云南天文台抚仙湖太阳观测站的 NVST
｜图源：作者

紫微
星语

2010 年开光，观测到大量的高分辨率太阳数据，大大推动了我国太阳物理的发展和进步。

未来，还会看到更清晰的太阳图像

DKIST 能看到最清晰的太阳图像，除了因为"眼睛"大，还因为它采用了一系列的先进观测支撑系统，比如现在世界上最复杂的自适应光学系统，长达 13 千米的冷却系统等。除了太阳光球层，DKIST 还会给我们带来色球层、内日冕和太阳磁场的高分辨率观测数据，能够揭示更多的太阳奥秘，

先进天基太阳天文台 | 图源：NASA's Goddard Space Flight Center/ 紫金山天文台

有待解决太阳磁场的形成和演化、太阳日冕高温之谜，以及太阳风的加速等难题。

以 DKIST 为首的大口径望远镜，以及 2018 年升空的帕克太阳探测器，2020 年发射的环日轨道器（Solar Orbiter, SolO），和我国在 2022 年发射的先进天基太阳天文台，这些地面和空间望远镜将开启一个新的太阳时代，为我们理解太阳演化及其对地球空间环境的影响等方面实现飞越！

作者简介 **周团辉** 中国科学院紫金山天文台助理研究员。研究领域：太阳小尺度爆发。

1. 太阳活动

2

太阳系小天体
SOLAR SYSTEM:
SMALL BODIES

太阳系中有很多围绕太阳运动的小天体，包括小行星、彗星、流星体等。它们不仅可能携带着太阳系形成时的密码，并可能曾经以非凡的方式带给地球生命的种子。

2.1 给飞过头顶的星星起个响当当的名字

小行星想象图 ｜图源：pixabay

2020 年，浩瀚星空中又增添了几个响当当的名字，三颗由中国科学院紫金山天文台发现的小行星获得命名：

7 月 30 日，在上海大学举行了"钱伟长星"命名仪式暨纪念活动，缅怀钱伟长院士的生平业绩和卓越科学贡献。

8 月 31 日，在周口店北京猿人遗址博物馆举办了"吴汝康星"命名仪式暨纪念活动，纪念吴汝康院士为中国古人类学和体质人类学做出的卓越贡献。

9 月 8 日，在国家航天局举行了"吴伟仁星"命名仪式，褒扬中国探月工程总设计师吴伟仁院士的杰出贡献。

而在一部热播剧《三十而已》中的一段关于小行星命名的情节引发了不少议论：富家太太不惜花重金想买一串小行星的命名权作为宝贝儿子的成人礼。人们在唏嘘片中有钱任性的王太太富人思维的同时，也对小行星的命名更加关注。那么小行星究竟是如何命名的呢？真的能像剧中那样，只要肯花钱，就能买下小行星命名权吗？

紫微
星语

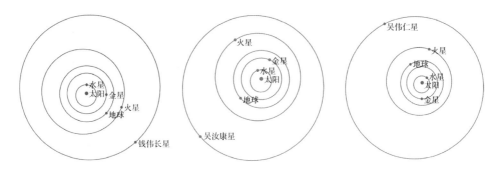

"钱伟长星""吴汝康星""吴伟仁星"轨道图 | 图源：紫金山天文台

命名权

首先，小行星是唯一一类可以由发现者提名，并经国际组织审准，从而得到国际公认名字的天体。获得小行星命名权之所以能成为世界公认的一项殊荣，正是在于小行星命名的严肃性、唯一性和永久不可更改性。

小行星的发现者虽然具有提名权，但必须经过由全球小行星 / 彗星研究领域的专家组成的国际天文学联合会（International Astronomical Union, IAU）小行星命名委员会（Committee for Small Body Nomenclature, CSBN）的审核确认。

从临时到永久

小行星候选目标发现之后，还需要至少两个晚上的观测数据。将数据上报给小行星中心（Minor Planet Center，MPC）之后，如果能被确认不是任何一颗已知的小行星，即可获得一个具有国际统一格式的临时编号，如 2007 KC_9，相当于一个临时身份证。

要想取得"永久居留"，需要确定其轨道。通常需要在四次"回归"中被观测到，并且确定了较高精度轨道参数的小行星，才会由国际小行星中心

2. 太阳系小天体

发布公告确认，获得一个国际永久编号。只有获得了永久编号的小行星才可以被命名。

观测数据越多，覆盖弧长越长，计算出的小行星轨道参数就越精确，做出的轨道预测也就越精确。这个确定轨道的过程可能需要花好几年甚至好几十年。

例如，"钱伟长星"于 2007 年 5 月 16 日发现（2007 KC$_9$），2011 年 7 月获得永久编号 283279；"吴汝康星"在 2010 年 8 月 7 日发现（2010 PY$_{63}$），2012 年 3 月获得永久编号 317452。

命名权也有窗口期

按照现行的规定，一颗小行星在获得永久编号之后，其发现者会获得 10 年窗口期给这颗小行星起名。过了这个窗口期，发现者就失去优先提名权了。

按照《三十而已》剧中情节发展：女主顾佳为了让自己的孩子上个好学校，想尽办法去满足富家王太太给儿子买小行星命名权的心愿，终于在国外的一个论坛上发现了一家公司，他们可以提供小行星发现者让渡出来的提名权。不过，这只是影视作品中的演绎，事实上，发现者的提名权是不能让渡的。

命名规则

小行星的临时编号由三部分组成（以 2007 KC$_9$ 为例）：

发现年份　发现(半)月份

2007 KC$_9$

该半月份中的发现序号

2007：发现年份；

K：第一个字母表示发现的（半）月份。A 表示 1 月上旬，B 表示 1 月下旬……Y 表示 12 月下旬（不使用字母"I"，因为容易和数字"1"混淆，同样原因，车牌中也没有"I"）。

C_9：第二个字母和后面的数字联合表示该半个月之内发现的顺序号。如 2007 KC_9 是 2007 年 5 月下旬发现的第（3+9x25=）228 颗。其中，A

第一个字母

A	B	C	D	E	F	G	H
一月 1-15	一月 16-31	二月 1-15	二月 16-29	三月 1-15	三月 16-31	四月 1-15	四月 16-30

J	K	L	M	N	O	P	Q
五月 1-15	五月 16-31	六月 1-15	六月 16-30	七月 1-15	七月 16-31	八月 1-15	八月 16-31

R	S	T	U	V	W	X	Y
九月 1-15	九月 16-30	十月 1-15	十月 16-31	十一月 1-15	十一月 16-30	十二月 1-15	十二月 16-31

第二个字母

A	B	C	D	E
1	2	3	4	5
F	G	H	J	K
6	7	8	9	10
L	M	N	O	P
11	12	13	14	15
Q	R	S	T	U
16	17	18	19	20
V	W	X	Y	Z
21	22	23	24	25

数字

（空）	1	2
0	25	50
3	4	5
75	100	125
6	7	8
150	175	200
9	10	11
225	250	275
12	…	n
300		25 x n

小行星临时编号命名规则对照图｜图源：作者

2. 太阳系小天体

表示第一颗，B 是第二颗……Z 是第 25 颗，A_1 是第 26 颗……Z_1 是第 50 颗……（不使用字母 I）。有些情况下，也使用紧凑格式，如 J96T01V，其中 J96 表示 1996。

永久编号很简单，表示这颗小行星轨道确定时的自然序号，截至 2020 年 9 月 10 日，这个序号已达 546077。

获得命名后的小行星的名字由两部分组成：前面一部分是一个永久编号，后面一部分是一个名字。如"吴伟仁星"的全名（281880）Wuweiren。

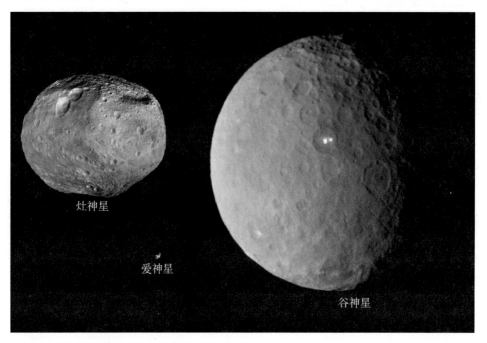

灶神星

爱神星

谷神星

谷神星、灶神星和爱神星的比较 | 图源：NASA/JPL

早期小行星的命名多选取古希腊或古罗马神话故事中的人物，而且通常为女神，比如，人类发现的第一颗小行星叫塞雷斯（1 Ceres，谷神星，1801 年 1 月 1 日发现），之后有诸如：帕拉斯（2 Pallas，智神星），朱诺（3 Juno，婚神星），和维斯塔（4 Vesta，灶神星）等。

第一颗以男神命名的小行星厄洛斯（433 Eros，爱神星）：他是希腊神话中爱与美的女神阿佛洛狄忒（Aphrodite）和战神阿瑞斯（Ares）的小儿子。更为人熟知的爱神倒是罗马神话中那个手拿弓箭的调皮小男孩——丘比特（763 Cupid），他是维纳斯（Venus）和战神马尔斯（Mars）所生。

从那时起，逐渐形成了主带小行星以女神名字命名，而轨道特别的以男神命名的模式。可是，随着越来越多的小行星被发现，科学家们很快意识到这种模式不可持续，需要新的规则。后来小行星逐渐可以用特定人物、地点、组织或事件来命名，如"（1802）张衡星""（2045）北京星""（4431）何梁何利""（23408）北京奥运"等。

小行星一经命名，则由国际天文联合会小行星中心公告（每月发布一期）各天文组织，成为国际性的永久命名。所以对提名有明确严格的要求：

    1. 不长于 16 个字符（包括空格、连接符等，但不能是数字）；

    2. 最好是一个单词；

    3. 可发音（以某种语言）；

    4. 非攻击性、侮辱性词汇；

    5. 避免与已获得命名的小行星或者自然卫星过于相似；

    6. 政治／军事人物或事件的提名必须在其本人死亡或事件发生后 100 年才允许；

    7. 不鼓励用宠物名字；

    8. 不允许纯商业或以商业性质为主的命名。

特殊类型的小行星还有另一套专门的命名规则，在此不再详述。

所以，"可口可乐""肯德基"之类应该是没可能作为小行星的名字了。否则，N 年后的某天如果我们听到"据天文学家介绍：2222 年 2 月 2 日，可口可乐将有可能撞击地球！"大家感受到的应该不是恐慌，而是喜感。

随着望远镜巡天技术的不断发展，被发现的小行星越来越多，仅获得永久编号的就已接近 55 万颗，其中已正式命名的不足 5%。这么多小行星，全部经由国际小行星命名委员会审议显然不太现实。近年来，小行星命名便多了一条新规则：每个发现者或小组每两个月只能提名两颗小行星。如此一来，发现了大量小行星的大型巡天项目（如 Asteroid Terrestrial-impact Last Alert System(ATLAS)、Panoramic Survey Telescope and Rapid Response System（Pan-STARRS）等）所发现的绝大多数小行星都不可能在 10 年的窗口期内完成有效提名。物以稀为贵，也确实没必要把每颗小行星都命名了。

回到文章开头的问题：只要肯花钱，就能买下小行星命名权吗？

国际天文联合会官网给出明确的答案：不能！

他们也给出了获得小行星命名权的最佳建议：走出去，发现一颗！（"Go out and discover one!"）

从中华星到中国星

这是一个关于小行星命名不能不提的故事。

1928 年 10 月 25 日，一位旅美求学的中国青年在美国叶凯士天文台发现一颗小行星（临时编号为 1928 UF），这是第一颗由中国人发现的小行星。这位青年学子感怀祖国，随即将其命名为中华星（1125 China）。

不久，青年回国效力，成为中国现代天文学的拓荒者之一，但却再也没找到这颗小行星的踪迹。直到 1957 年 10 月 30 日，青年在紫金山天文台发现了一颗轨道酷似 1125 的小行星（临时编号 1957 UN_1）。虽后经证实这颗小行星并非 1125，但 20 年后的 1977 年，当这颗小行星的轨道被精确确定后，国际小行星命名委员会破例将"1125 China"给了这颗新发现的小行星。而原本以为失踪了的 1125 号小行星，却在 1986 年被再次观测到（临时编号 1986 QK_1），并于 1988 年被重新命名为中国星（3789 zhongguo）。

这位青年就是后来连任 42 年紫金山天文台台长的张钰哲先生（1902-1986）。从"中华星"到"中国星"，寄托了老一辈天文学家的悠悠赤子情和拳拳报国心。

1955 年 1 月 20 日，张钰哲领导的紫金山天文台发现了建台以来的第一颗小行星 1955 BG，后来获得永久编号为 3960 号。这是中国人在中国的土地上发现的第一颗小行星，因此也叫"紫金一号"。

随想

起个响当当的名，给飞过我们头顶的星，捎着我们的寄托和崇敬，在宇宙深处闪耀、穿行。

附：部分获得命名的小行星

除特别标明外，均为紫金山天文台发现的。

○ 古代科学家

张 衡 星（1802 Zhang Heng），1964 年 10 月 9 日 发 现（1964 TW_1），1978 年 8 月命名。

祖 冲 之 星（1888 Zu Chong-Zhi），1964 年 11 月 9 日 发 现（1964 VO_1），1978 年 8 月命名。

一行星（1972 Yi Xing），1964 年 11 月 9 日发现（1964 VQ_1），1978 年 8 月命名。

郭守敬星（2012 Guo Shou-Jing），1964 年 10 月 9 日发现（1964 TE_2），1978 年 8 月命名。

紫金山天文台于 1964 年发现的这四颗小行星是第一批以中国人名命名的小行星。张衡星常被认为是第一颗以中国人名命名的小行星。

○ 现代科学家

张钰哲星（2051 Chang），1976 年 10 月 23 日发现（1976 UC，

哈佛大学天文台），1978 年 8 月命名。

戴文赛星（3405 Daiwensai），1964 年 10 月 30 日发现（1964 UQ），1994 年 5 月 25 日命名。

杨振宁星（3421 Yangchenning），1975 年 11 月 26 日发现（1975 WK$_1$），1997 年 5 月 25 日命名。

钱学森星（3763 Qianxuesen），1980 年 10 月 14 日发现（1980 TA$_6$），2001 年 12 月 21 日命名。

○ 地名

北京星（2045 Peking），1964 年 10 月 8 日发现（1964 TB$_1$），1979 年 7 月命名。

江苏星（2077 Kiangsu），1974 年 12 月 18 日发现（1974 YA），1979 年 7 月命名。

南京星（2078 Nanking），1975 年 1 月 12 日发现（1975 AD），1979 年 7 月命名。

以上这三颗星是第一批以中国地名命名的小行星。截至目前，我国现设的所有 23 个省、5 个自治区、4 个直辖市和 2 个特别行政区，以及绝大多数的省会城市均已获得小行星命名。

以下这几颗星都与紫金山天文台的观测站所在地有关：

紫金山天文台星（3494 Purple Mountain），1980 年 12 月 7 日发现（1980 XW），1993 年 11 月命名。

盱眙星（4360 Xuyi），1964 年 10 月 9 日发现（1964 TG$_2$），2003 年 8 月命名。

姚安星（175633 Yaoan），2007 年 10 月 9 日发现（2007 TF$_{184}$），2009 年 12 月命名。

柴达木星（199947 Qaidam），2007 年 4 月 16 日发现（2007 HR$_7$），2013 年 11 月命名。

建三江星（207723 Jiansanjiang），2007 年 9 月 11 日发现（2007

RC_{148}），2017 年 3 月命名。

〇 大学

北京大学星（7072 Beijingdaxue），1996 年 2 月 3 日发现（1996 CB_8，北京天文台），1997 年 8 月 18 日命名。这是第一颗以国内大学命名的小行星。

南京大学星（3901 Nanjingdaxue）：1958 年 4 月 7 日发现（1958 GQ），2001 年 8 月 4 日命名。

〇 你可能想不到的

宽容星（8992 Magnanimity），1980 年 10 月 14 日发现（1980 TE_7），2001 年 10 月 9 日命名。这是为纪念美国"9·11"恐怖袭击事件罹难者的三颗小行星之一，另外两颗分别为同情星（8990 Compassion，1980 DN，捷克 Klet 天文台）和团结星（8991 Solidarity，1980 PV_1，欧南台（European Southern Observatory, ESO））。

参考资料

[1] Naming of Astronomical Objects (https://www.iau.org/public/themes/naming/)

[2] How Are Minor Planets Named? (https://minorplanetcenter.net//iau/info/HowNamed.html)

[3] Minor Planet Names: Alphabetical List (https://minorplanetcenter.net//iau/lists/MPNames.html)

作者简介　**辛巴**　中国科学院紫金山天文台研究员。

2.2 小行星"偷袭",我们准备好了吗?

2019年,美国航天局(National Aeronautics and Space Administration, NASA)局长吉姆·布里登斯廷(Jim Bridenstine)在国际宇航学行星防御会议主题演讲的一开始便郑重提醒:人们需要为小行星撞击地球事件做好准备。那么,我们到底准备得如何呢?

大约6500万年前的恐龙灭绝可能源自小行星撞击地球 | 图源:紫金山天文台

先来了解两个天文学名词。近地天体(near-earth object, NEO):与太阳最小距离小于1.3天文单位(约1.95亿千米)的太阳系小天体(包括小行星、彗星等)。潜在威胁小行星(potentially hazardous asteroid, PHA):直径大于等于140米,且与地球轨道交会距离小于0.05天文单位(约750万千米)的近地小行星。PHA是地球人需要特别关注的,因为这些未知的天体随时可能出现在地球周围,甚至会撞击地球。

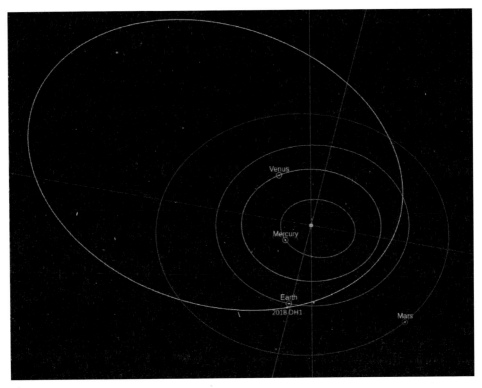

潜在威胁小行星 2018 DH₁，图中蓝色为地球轨道，青色和黄色为小行星轨道
| 图源：紫金山天文台

那么我们能做些什么呢？首先天文学家要利用望远镜对 PHA 进行"人口"普查，再通过监测它们的轨道给它们登记造册，持续监测其可能会发生变化的轨道，对可能发生的 PHA 撞击地球做出预警，最后才有可能想办法规避撞击事件。

你可能会问：为啥是 140 米，而不是更大或更小呢？根据估算，一颗直径约 140 米的近地小行星撞击地球所产生的能量约 3 亿吨 TNT 当量，其威力约相当于 2 万颗广岛原子弹，会造成地区规模的灾害事件。这是我们地球人首先希望避免的。不过我们也不必太过担忧，因为这种规模的碰撞事件发生的平均概率约为 3 万年一次。

对于块头更小的近地小行星，由于现有望远镜的探测本领有限，目前还没有能力把它们全部找到并监测。但是它们对人类的威胁却可能随时发生，

2. 太阳系小天体

比如 2013 年 2 月 15 日发生在俄罗斯车里雅宾斯克的陨石事件，就是来自一颗直径约为 15 米的小行星的一次"偷袭"，该事件造成约 1 200 人受伤，近 3 000 座建筑受损。所以，对这些近地小行星也要尽可能地去监测。

目前我们对 PHA 的监测能达到什么水平呢？事实上，以美国航天局为主，多个国家都在不断建造专门的巡天望远镜，致力于近地天体的探测和追踪，目标是把 PHA"一网打尽"，并能快速预警。截止到 2019 年 4 月，全球天文学家已经发现了近两千颗 PHA，但这个数目还不到估计总数的三分之一。PHA 的完备监测和预警仍然任重而道远。

在星空背景中移动的小行星 2018 DH$_1$（白色方框中的亮点）
| 图源：紫金山天文台

发现并监测近地天体特别是潜在威胁小行星是识别和减缓灾害的关键的环节，是关乎地球环境和人类生存安全的大事。为了加强国际间近地天体观测领域的合作和数据共享，共同应对来自小行星撞击的威胁，2013年12月，联合国成立了专门机构——国际小行星预警网（International Asteroid Warning Network，IAWN）。

　　IAWN 目前有 15 个成员，其中心任务是：搜寻近地天体，协调各国努力，保护地球免受陨石、近地小行星、彗星等太空天体的撞击。为防范"大块头"小行星的突袭，IAWN 各成员之间共享 PHA 的相关信息。当 IAWN 成员的天文学家发现对地球造成威胁的近地小行星时，联合国空间任务咨询组（Space Mission Planning Advisory Group，SMPAG）将负责协调防御使命，确认防御计划。

中科院紫金山天文台近地天体望远镜 | 图源：紫金山天文台

　　2018年2月，中国作为正式成员加入 IAWN，中国科学院紫金山天文台"近地天体望远镜"是中国加入 IAWN 的支撑设备。这台坐落于江苏

2. 太阳系小天体

省盱眙县铁山寺跑马山的光学施密特光学望远镜建成于 2006 年 10 月，主镜和改正镜口径分别为 1.2 米和 1.04 米，配备 1 亿像素（10k×10k）CCD。近地天体望远镜是目前我国近地天体观测和研究的主干设备，观测量在国际上该领域的 400 多个观测计划中位居前十，迄今共发现太阳系小天体四千多颗，其中近地小行星 25 颗，包括 5 颗 PHA（分别是 2016 VC_1、2017 BL_3、2018 DH_1、2020 DM_4、2020 VA_1），并更新了一千多颗近地小行星的轨道参数。

　　天文学家能做的，就是不停地发现和监测，最终实现对所有的 PHA 提供长期监测和及时预报。要做到这一点，还需要建造多台中大口径（2 米级及以上）的大视场近地天体普查望远镜，通过全球合理布站，形成系统的近地天体监测网络，开展持续快速巡天。

　　不过，监测和预报只是第一步。你一定会问：倘若小行星真的来"偷袭"，人类当如何自保？科学家们提出过一系列防御措施，主要包括通过动能撞击、引力拖拽、核弹爆破等方式改变入侵小行星的轨道，使其进入安全地带，但这些办法目前可能还都无法完全有效地解决问题。相关的研究还在持续开展，相信随着科学和技术的不断发展，人类一定有能力找到有效的防御措施，保护自己赖以生存的地球家园，绝不会像 6 500 万年前的恐龙一族那样坐以待毙。

作者简介 **赵海斌**　中国科学院紫金山天文台研究员。研究领域：太阳系天体观测研究。

2.3　2020 DM₄：又一颗小行星奔向地球

2020 年 2 月 29 日，闰日，人们纷纷在朋友圈里打卡留念，坐落在江苏盱眙天泉湖畔的紫金山天文台近地天体望远镜也赶了一次时髦。当天，国际小行星中心（MPC）发布了紫金山天文台近地天体望远镜新发现的一颗对地球构成潜在威胁的小行星：2020 DM₄，并预测它将于 2020 年 5 月初飞掠地球。

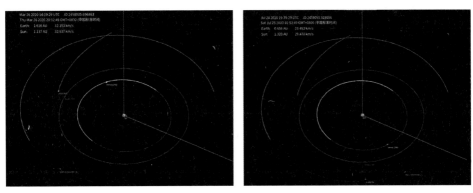

2020 DM₄ 和类地行星轨道，图中 2020 DM₄ 轨道为绿色，金星轨道为白色，地球轨道为蓝色，火星轨道为橙色 ｜图源：紫金山天文台

发现

2020 年 2 月 26 日晚，紫金山天文台近地天体望远镜（国际站号：D29）正在狮子座方向搜寻，计算机自动捕捉程序发现一颗亮度为 20.3 等的暗弱移动天体，视运动速度为 0.103 度 / 天，与典型的主带小行星明显不同。科研人员敏锐地意识到这可能是一个特殊目标，随即将该小行星的信息上报国际小行星中心（MPC），实现信息国际共享。

近地天体望远镜拍摄的 2020 DM₄ 图像
（方框中目标）｜图源：紫金山天文台

跟踪

上报 MPC 的同时，紫金山天文台科研人员立刻通知牵头组建的合作监测网内望远镜进行后随跟踪观测，包括紫金山天文台姚安观测站 0.8 米口径高精度天体测量望远镜（国际站号：O49）和俄罗斯国际科学光学监测网（International Scientific Optical Network, ISON）中的两台望远镜：

格鲁吉亚阿巴斯图马尼（Abastumani）天文台 0.7 米口径望远镜（国际站号：119）和位于西班牙加纳利群岛的欧空局（ESA）光学地面站 1 米口径望远镜（国际站号：J04）。很快就获得了证认观测数据。

轨道确定

对 2020 DM$_4$ 的观测持续了 4 天。同时，信息上报 MPC 共享后，就相当于吹响了集结号，国际上另有 8 台望远镜也先后加入了后续跟踪监测。

小行星候选目标发现之后，需要尽快确定其轨道，只有确定了轨道的，MPC 才会发公告确认。小行星轨道由一组参数来表示，通过比较望远镜观测得到的小行星视运动位置与根据那组参数模拟得到的理论位置来确定。而理论位置的模拟则依赖于一个太阳系动力学模型，模型中考虑了包括太阳、大行星以及一些较大的小行星的引力等能改变该小行星运动的所有可能效应。然后，根据更多实际观测的位置来对小行星轨道参数进行改进，以保证能够准确地预测小行星的运动。通常需要至少三次观测才能确定可供发布的轨道参数。观测数据越多，覆盖弧长越长，计算出的轨道参数就越准确，做出的轨道预测也就越准确。

最终，汇总全球 12 个观测站点的数据，确定了 2020 DM$_4$ 的轨道：轨道半长径为 1.88 天文单位，偏心率为 0.45，轨道周期为 2.55 年，绝对星等为 21.7 等，与地球的最小轨道交会距离为 0.048 天文单位（约 718 万千米）。

这是一颗 Amor 型近地小行星，更关键的，也是一颗潜在威胁小行星，即所谓 PHA。

名词解释

Amor 型近地小行星：是一类特殊轨道的近地小行星，因首个发现的这类小行星被命名为（1221）Amor 而得名。Amor 是古罗马神话中的爱神，是悲悯、共情和爱的化身。Amor 型轨道的天文学定义是：轨道半长径 a 满足 a > 1.0 AU（AU 为"天文单位"，其数值取日地平均距离，1 AU = 149 597 870 千米），轨道近日距 q 满足 1.017 AU < q < 1.3 AU。也就是说，这类小行星的近日距接近但略大于地球的远日距，即它们的轨道不与地球轨道发生交叉，而是从地球轨道外侧来接近地球，但大多数的轨道与火星轨道交叉。

潜在威胁小行星（PHA），如上一节中介绍的那样，是指：直径大于等于 140 米，且与地球的最小轨道交会距离小于 0.05 天文单位（约 750 万千米）的近地小行星。

2020 DM₄ 在 2020 年 5 月初飞掠地球，离地球最近距离约为 735 万千米。

所以，大家不用担心，虽然有威胁，但毕竟是潜在的。

近地天体监测预警网

2018 年 2 月，我国作为正式成员加入国际小行星预警网，紫金山天文台是我国该领域的最重要力量，一直致力于我国自主的近地天体监测预警观测网建设。此次 2020 DM₄ 的发现很大程度上得益于已经在运行的一个小型监测预警网，通过"东部望远镜先行发现，西部望远镜后随认证"的综合观测模式实现。

我国现有的近地天体监测预警能力还很有限，主干专用设备只有一台口径 1.04 米的近地天体望远镜，亟待发展更大口径的下一代近地天体望远镜，并充分利用我国疆域优势，组建布局合理的监测预警网，显著提高我国近地小行星监测预警能力，以便在国际小行星监测预警领域发挥更重要的作用。

作者简介

赵海斌 中国科学院紫金山天文台研究员。研究领域：太阳系天体观测研究。

2. 太阳系小天体

2.4 开裂的"世纪大彗星"——Y4

Y4: 据说要和太阳肩并肩的"世纪大彗星"

C/2019 Y4 (ATLAS)，一颗由同名美国望远镜 ATLAS 于 2019 年 12 月 28 日在大熊座发现的彗星，正在向太阳进发。

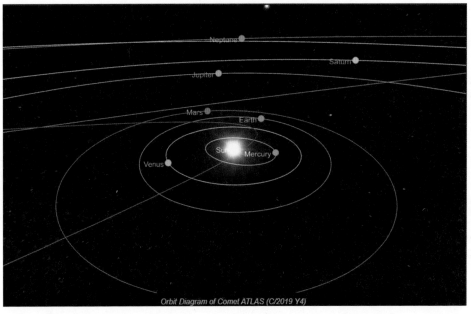

C/2019 Y4 轨道图，图中 Y4 轨道为粉色，地球轨道为蓝色｜图源：theskylive.com

ATLAS，坐落于美国夏威夷，是一台专门监测可能对地球构成潜在威胁近地天体的望远镜，同时也是赫赫有名的彗星猎手，2015 年开始运行至今已经发现了 38 颗彗星。Y4 是它在 2019 年收获的最后一个猎物。

Y4 是一颗长周期彗星，公转周期 848 年，半长径 89.6 天文单位，偏心率 0.997，轨道倾角 45.4 度，于 2020 年 5 月 31 日到达近日点，届时近日距达 0.253 天文单位。

随着它逐渐靠近太阳，Y4 快速增亮，业余天文学家伊德翁（Gideon van Buitenen，GVB）预报它最亮可达惊人的 −24.7 等，比满月还亮 63 000 多倍，简直就是可以和太阳肩并肩的"世纪大彗星"！

还记得 1997 年的海尔－波普彗星（Comet Hale-Bopp）吗？那个号称百年一遇的"世纪大彗星"给一代人留下了多少美好的回忆！

1997 年的海尔－波普大彗星
| 图源：紫金山天文台

Y4 强大的爆发力，令人们对它充满了憧憬，尤其是那些无缘遇见海尔－波普彗星的年轻一代。

Y4 的特别之处在于以下几点：

轨道近日距小。Y4 和太阳的最近距离可达到 0.253 天文单位，虽然还未到足以瓦解它的太阳洛希极限，但是剧烈的太阳辐射将剥离它的表面物质，使它更加"热血沸腾"。

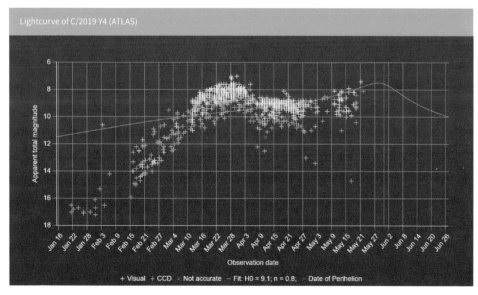

C/2019 Y4 的亮度变化 | 图源：https://cobs.si/cobs/comet/1861/

　　　　2. 太阳系小天体

前期增亮表现优异。Y4 自 2019 年 12 月底到 2020 年 2 月底的短短两个月间，亮度提升了 7.3 星等，足足变亮了 830 倍！

家族血统优良。可能大家对 C/1844 Y1 这个名字比较陌生，但是提起 1844 年大彗星，那在彗星界也是神一般的存在。而 C/2019 Y4 和 C/1844 Y1 的轨道非常相似，难道它们是一母同胞？

1844 年大彗星 | 图源：https://www.richlandsource.com

各家模型预报乐观。专注于做彗星亮度变化的长期预报的吉田诚一（Seiichi Yoshida）、GVB 和 COBS（斯洛文尼亚 Crni Vrh 天文台的彗星观测数据中心）均给出了 Y4 亮度变化的预报，虽然结果不同，但都非常乐观，认为 Y4 至少也是颗裸眼可见的彗星。如果 Y4 真的是一颗能与太阳比肩的彗星，那么"天无二日"将真正成为一句古语。

紫微
星语

"彗核应该分裂了！"

2020 年 4 月 6 日，对于 Y4 的拥趸者而言绝对是个悲伤的日子。马里兰大学的叶泉志和加州理工大学的张其成向《天文电报》（Astronomical Telegram）报送了 Y4 的最新图像，显示彗核的形状已经发生了明显的变化，"彗核应该分裂了！"

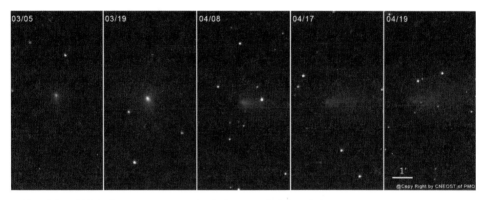

近地天体望远镜拍摄的 C/2019 Y4 系列图像 | 图源：紫金山天文台

紫金山天文台近地天体望远镜也一直在追踪 Y4，自 3 月初开始每半月观测一次，逐步提高观测频度。从系列图像中可见，4 月 6 日前后，彗核的形态发生了明显的变化。

2020 年 4 月 21 日，哈勃望远镜的观测结果彻底击碎了人们的梦想。Y4 已经碎成了渣渣！

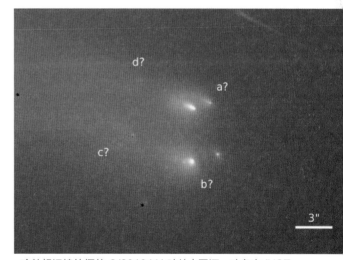

哈勃望远镜拍摄的 C/2019 Y4 碎片 | 图源：叶泉志 /HST

2. 太阳系小天体

彗星分裂知多少？

其实，彗星的分裂是家常便饭，过去近 150 年里观测记录到发生分裂事件的彗星超过 40 颗。而且，分裂可能在彗星轨道的任何位置发生，根本没法预测。星际彗星 2I/Borisov 是过了近日点后裂开的，而 Y4 还在奔向太阳的路上就裂开了。

著名的彗木相撞事件就是来自舒梅克 - 列维 9 号彗星（简称 SL9，临时编号 D/1993 F2）解体的碎片，该彗星在距离木星大气层上方 2.5 万千米飞掠时被木星的强大潮汐力瓦解，引发了一场惊世大剧，也是一则警世预言，开启了人类轰轰烈烈地寻找近地天体的序幕。所以，流浪地球要向木星借力，具体方案可不是随便拍脑袋就可以定的！

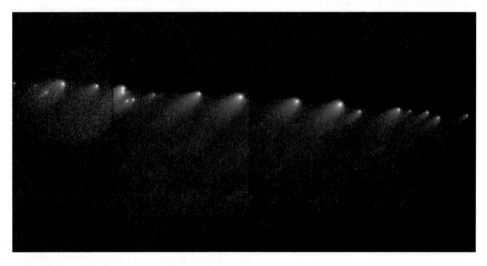

SL9 彗星碎片阵列 | 图源：NASA/HST

经典彗核模型认为，彗星就像是一份由尘埃、水冰和气体冰组成的沙拉，结构相当松散，是经不起光照火烤的。各位可以脑补一下煮熟的沙拉是什么样子。

每一次彗星途经太阳附近，都要被照一照、烤一烤，分裂就在所难免了。

不过尽管见证了这么多的彗星分裂，我们对分裂机制的了解还远远不够。

根据观测特征，彗星分裂通常有两种类型：

抛出型。彗核分裂后主体保留，抛出少量几十米尺度的小碎块。一个彗星可能多次发生这类分裂事件。大多数彗核分裂事件属这种类型。不久前分裂的 2I/Borisov 似乎就属于这一类。

粉碎型。彗核分裂成大量碎块，无法辨识主体，通常认为彗核已彻底瓦解，如彗星 D/1993 F2（SL9）和彗星 C/1999 S4（LINEAR）。而 Y4 貌似更接近这一类。

基于目前的认识，彗星的分裂机制主要有以下几种：

潮汐撕裂。与大质量天体（太阳或大行星）发生密近交会的彗星，本体内部所受引力差超过其抗拉强度，引发潮汐分裂。分裂在彗核中心发生，并影响整个彗核。潮汐分裂的结果通常产生核中心大碎片和核表面小碎片，小碎片的多寡取决于核的内部结构。即使大质量天体潮汐力不能直接导致彗核分裂，也可能使彗核产生裂缝，从而削弱它的抗拉强度，给其他分裂机制创造条件。

自转分裂。当彗核自转产生的离心力超过其抗拉强度时，彗核也会发生分裂。高抗拉强度的"致密"核多数从中心发生分裂，而低抗拉强度的核可能从表面产生大量碎片。自转分裂取决于彗核自转速度，可以在任何日心距处发生。

热应力分裂。随着彗星日心距变小，太阳辐射的加热效应可以深入彗核内部，由此彗核内部会产生热应力。如果热应力超过彗星材料强度，就可能使彗核分裂甚至瓦解。

内部气压导致分裂。当彗星接近太阳时，次表层空穴中高挥发性冰（如 CO 冰、干冰）升华，可使彗核内部气压升高。如气压不能通过表面活动释放，就可能超过彗核抗拉强度，从而引发彗星分裂。

撞击引发彗核分裂。彗核可能与其他太阳系小天体发生超高速碰撞，从而摧毁整个彗核。更有甚者，彗星还可能被自身产生的碎片撞击而导致分裂。

实际观测中，除了像"苏梅克 – 列维 9 号"等为数不多的几颗彗星可以确定是潮汐撕裂的，绝大多数彗星分裂的原因不详，可能是上述某种机制造成的，更可能是多重机制联合作用的结果。

从哈勃图像上看，Y4 已经发生了粉碎型瓦解，编号似乎成了它的命数——兵分四路，每一路物质又继续分道扬镳，直至烟消云散。Y4 是一颗长周期彗星，此生我们将永不相见。不过，彗星变幻莫测，唯一不变的是，它总会带来惊喜。

作者简介 **赵海斌** 中国科学院紫金山天文台研究员。研究领域：太阳系天体观测研究。

2.5 首颗星际彗星被发现：彗星起源问题新纪元

2019 年 9 月 24 日国际天文学联合会宣布将 2019 年 8 月 30 日发现的彗星鲍里索夫 C/2019 Q4 (Borisov) 正式命名为 2I/Borisov，这里"I"代表着星际天体，也就是指来自太阳系外的天体。这意味着 2I/Borisov 是继第一颗发现的星际天体奥陌陌 1I/'Oumuamua 之后发现的第二颗来自太阳系外的天体，虽然太阳系外彗星（extrasolar comet）早有发现，但这是第一颗被确认发现闯入太阳系的星际彗星（interstellar comet）。至此，人类关于彗星起源问题的认识又深入了一大步。

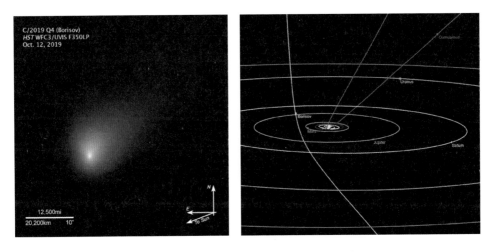

哈勃望远镜 2019 年 10 月 12 日拍摄的星际彗星 2I/Borisov 及其运行轨道
| 图源：NASA/ESA, David Jewitt(左)；wikipedia(右)

人类早期对彗星的认识

早在三千年前人类就已经认识到了彗星的存在，通过文字、绘画等形式记录下了历史上彗星的出现。我国是彗星记录历史资料最丰富的国家，最早可以追溯到殷商时期，在《淮南子》中有"武王伐纣，……彗星出，而授殷人其柄。时有彗星，柄在东方，可以扫西人也。"等字句。在楔形文字的记载里，最早的彗星记录可以上溯到公元前1140年。由于古人缺少相应的文化知识，对彗星的认识较少，再加上彗星偶然出现、形态各异，因此长期以来人们总是把彗星的出现视作不祥之兆，认为彗星的出现预示着朝代更迭、战争、洪水等灾难。

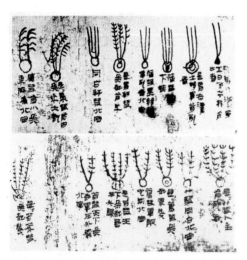

中国马王堆汉墓出土的彗星图（左）和法国贝叶挂毯里记载的1066年出现的哈雷彗星（右）
| 图源：NASA/JPL(左);NASA(右)

哈雷彗星的运行规律被发现

1695年，英国天文学家哈雷发现1531年、1607年和1682年出现的三颗彗星的轨道相似，认为这是同一颗彗星的三次回归，回归周期约为75.5年，因此他预言这颗彗星将在1758年底到1759年初再次回归。果然1758年12月底，这颗彗星如约而至，预言应验了。

遗憾的是哈雷于1742年去世，未能亲眼看到这颗彗星的回归，为了纪念哈雷的这一伟大发现，这颗彗星被命名为哈雷彗星。哈雷彗星的发现使人们认识到彗星也是一类自然天体，它的出现有律可循，是一种自然现象。哈雷彗星上一次回归是在 1986 年 2 月，下一次回归要等到 2061 年 7 月。

1986 年哈雷彗星回归时的形态（左）和彗核（右）| 图源: NASA/W. Liller（左）; Giotto 探测器（右）

现代人对彗星的认识

随着科学技术的进步和人类探测手段的提高，特别是通过发射空间探测器飞抵彗星对彗星进行空间探测，人们对彗星的认识也越来越深入。

彗星是太阳系形成时期遗留下的残骸，较好地保留了太阳系形成时期的原始信息，研究彗星有助于研究太阳系起源；彗星富含水冰和有机物，研究彗星也有助于研究地球水和生命的来源。

从形态上来看，发育完整的彗星一般由彗核、彗发和彗尾组成。

彗核是彗星的本体，彗核周围通常包围着浓浓的彗发，地面很难直接观测到彗核。彗核的直径从几百米到几十千米不等，集中了彗星的大部分物质。彗核主要是由冰（一氧化碳冰、二氧化碳冰、甲烷冰和水冰）和尘埃组成，结构比较松散，内部有空隙，可以用"脏雪球"或"冰脏球"模型来解释。

当彗星接近太阳时，彗星的冰物质发生升华带出尘埃，形成彗发。距离

2. 太阳系小天体

太阳更近时，随着太阳辐射的增强，就会出现彗尾。彗尾有两类：一类长而直，主要由离子气体及电子组成，颜色偏蓝，称为"等离子体彗尾"或"离子彗尾"；另一类是短而弯曲的，由尘埃组成，颜色偏黄，称为"尘埃彗尾"。彗发的直径可达百万千米，彗尾的长度可达千万甚至上亿千米。目前人类发现的彗星数目已有六千多颗。

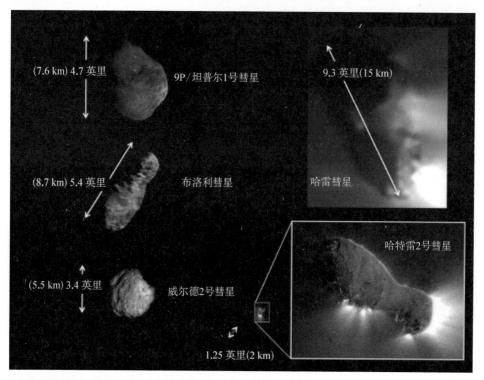

空间探测器拍摄到的彗核照片 | 图源：NASA/JPL‑Caltech/UMD

彗星的起源问题

根据星际彗星 2I/Borisov 的轨道特征，可以推断出它的起源地是太阳系以外的星际空间，这被认为是彗星的第四个起源地。在此之前，人们认为彗星是起源于太阳系内的太阳系天体，根据彗星的不同类别，彗星的起

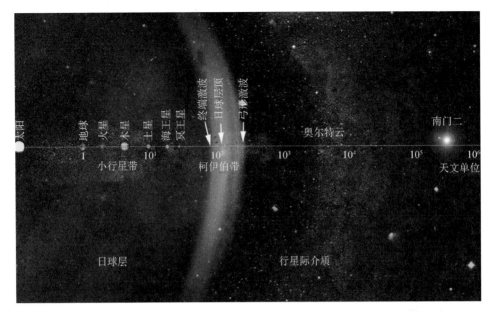

太阳　地球　火星　木星　土星　海王星　冥王星　终端激波　日球层顶　弓撞激波　奥尔特云　南门二

1　　　10¹　　　10²　　　10³　　　10⁴　　　10⁵　　　10⁶

小行星带　　　柯伊伯带　　　　　　　　　　　　　　　　天文单位

日球层　　　行星际介质

小行星带、柯依柏带和奥尔特云位置分布示意图 | 图源：universetoday

源地包含 3 个，分别是：柯伊伯带（Kuiper belt）/ 离散盘（scattered disk），奥尔特云（Oort cloud）和小行星带（asteroid belt）。

依据彗星在轨道上的运行周期，彗星分为短周期彗星（轨道周期 <200 年）和长周期彗星（轨道周期 >200 年）；依据彗星起源地的不同，彗星又分为：短周期彗星、长周期彗星和主带彗星。

○ 柯伊伯带 / 离散盘：短周期彗星的起源地

柯伊伯带天体和离散盘天体都是海王星外天体（trans-Neptunian objects）的一部分，这里蕴藏着大量冰封的小天体，它们是原始太阳星云的产物。柯伊伯带天体是指海王星轨道之外，距离太阳 30 ~ 50 AU 之间的，在黄道面附近的天体密集区域。目前已发现的柯伊伯带天体有 2 700 多颗。

离散盘天体是指距离太阳 30~100 AU 之间的轨道离心率和轨道倾角较高的天体，目前已发现两百多颗离散盘天体。离散盘天体受到临近海王星引

2. 太阳系小天体

力扰动的影响，会向内抛射到木星和海王星轨道之间成为半人马天体。半人马天体是离散盘天体向内太阳系天体迁移的中间阶段。继而半人马天体受到巨行星的影响，会继续迁移到内太阳系，成为我们观察到的短周期彗星。

之前天文学家认为短周期彗星主要起源于柯伊伯带，但后来的研究表明柯伊伯带天体的轨道比较稳定，因此现在认为离散盘是短周期彗星的主要起源地。

○ 奥尔特云：长周期彗星的起源地

奥尔特云是理论上存在的、围绕太阳、主要由冰冻星子组成的球状云团，距离太阳 2 000~200 000 AU 之间。奥尔特云的外边缘标志着太阳系结构上的边缘，也是太阳系引力影响的边缘。

奥尔特云是 46 亿年前太阳系形成早期的原行星盘残余物质。奥尔特云天体的主要成分为水冰、氨和甲烷等固体挥发物，数量约为几十万亿颗。奥尔特云外层受太阳系的引力牵制较弱，部分奥尔特云天体在临近恒星和整个银河系的引力作用下改变轨道，进入内太阳系，成为长周期彗星。因此奥尔特云被认为是长周期彗星的发源地。

○ 小行星带：主带彗星的起源地

小行星带是指位于火星轨道和木星轨道之间的小行星密集的圆盘形区域。在人类发现的小行星中，超过 90% 以上的小行星都是在此处被发现的。目前发现的主带小行星数目已逾 78 万颗。

主带彗星是指起源于小行星主带（2~4 AU）、轨道特征与主带小行星一致、可呈现出类似彗星活动性的小天体，其活动性由水冰升华驱动，活动性的触发机制是撞击。主带彗星直到 2006 年才被确认是一种新类型的彗星，目前发现的主带彗星已经达到 40 颗。

展望

星际彗星 2I/Borisov 已于 2019 年 12 月通过太阳系的黄道面，并于 2019 年 12 月 8 日达到距太阳不超过 2 AU 的最近距离，之后逐渐远离太阳，并最终离开太阳系。

目前人类对它的初步认识是彗核直径约为 2 千米，颜色与长周期彗星类似。天文学家们利用世界上的各大望远镜对这颗星际彗星进行观测，包括哈勃空间望远镜（Hubble Space Telescope, HST）、欧南台（ESO）的甚大望远镜（Very Large Telescope, VLT）、智利的阿塔卡马大型毫米 / 亚毫米波阵（Atacama Large Millimeter/sub‐millimeter Array, ALMA），以及我国的 500 米口径球面射电望远镜（Five‐hundred‐meter Aperture Spherical radio Telescope, FAST）等。相信随着观测资料的增加，人类对星际彗星 2I/Borisov 的认识会更加全面。

虽然目前人类只发现了一颗星际彗星，但随着科技的发展相信将来会有更多的星际彗星被发现，届时人们将会对位于太阳系外的彗星起源地有更多的理解和认识。

作者简介　**史建春**　中国科学院紫金山天文台副研究员。研究领域：彗星的物理属性和活动性研究、彗星观测和测光、彗星长期光变研究等。

2.6 首颗星际彗星发生分裂

——来自星星的你，能否顺利返航？

2019 年 12 月，人类发现的首颗从太阳系外闯入的星际彗星鲍里索夫（2I/Borisov）在匆匆造访太阳系后，掉头向寂寥的星际空间返航。2020年 3 月，哈勃空间望远镜再次追踪到它时，却发现彗核已经分裂——它头也不回，原来一直在负重前行。

彗核分裂时间

2I/Borisov 彗核分裂应该发生在 2020 年 3 月 23 日至 3 月 28 日之间。在此期间，它从一个明亮的单核，变化到出现双核特征。3 月 30 日的观测图像中，双核特征更明显，且两块碎片间距离大约为 180 千米。

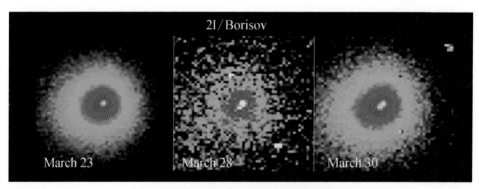

哈勃望远镜观测的 2I/Borisov 分裂图像 | 图源：NASA/ESA/D. Jewitt

彗核分裂机制

彗核自然分裂的事件时有发生。虽然分裂的具体机制尚不明确，但一般认为，一颗彗星能否发生分裂与彗核的大小和成分有关。彗核是彗星的本体，直径从几百米到几十千米不等，是一颗由水冰（85%）、气体冰（5%）、尘埃和有机物组成的易碎的"心"。

彗星结构比较松散，当它靠近太阳时受到太阳加热的影响，冰物质开始升华，发生除气作用。除气作用可以使彗星的自转加速，离心力增加。当离心力增加到超过彗核自身引力和抗拉强度时，彗核就会发生分裂。对于彗核较小的彗星，离心力的增加更易使彗核发生分裂。

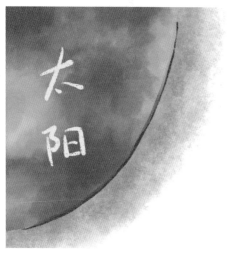
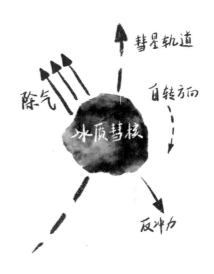

除气改变彗星自转示意图 | 图源：紫金山天文台

2I/Borisov 的彗核直径不超过 400 米。它飞越近日点时（2019 年 12 月 8 日）的日心距为 2 AU。在造访太阳系过程中，有约 7 个月它的日心距都小于 3 AU，这期间太阳辐射导致的冰物质升华足以改变如此大小的彗核的自转。

彗核除气作用示意图 | 图源：NASA/NSSDC

如果彗核分裂开始的时间是 2020 年 3 月 23 日，那么可估算出两块彗核分裂的速度大约为 0.3 米 / 秒，这是太阳系内彗星彗核分裂的典型速度，也与 2I/Borisov 的引力逃逸速度相当。

早在 3 月初，就已经有天文学家推断 2I/Borisov 的彗核可能发生分裂。它的亮度在 3 月 4 日至 3 月 9 日的短短五天内增强了两次，总亮度增强约 0.7 个星等（增亮近一倍）。亮度增强通常意味着彗星反射太阳光面积增加，即彗核可能发生了拉伸变形或分裂。

彗核分裂对彗星本身来讲可能是场灾难，却是天文学家研究彗星分裂的演化过程和彗核成分的大好机会。彗核分裂后会释放出内部大量新鲜的物质成分，天文学家可以通过光谱成像予以识别，加深对彗星的认识。

天文学家眼中的 2I/Borisov

从 2I/Borisov 发现至今，天文学家们针对这颗星际彗星的观测研究一直在紧锣密鼓地进行。主要发现包括：

人类迄今为止观测到的运动速度最快的彗星。哈勃望远镜在 2019 年 11 月 16 日拍摄的图片显示，当时 2I/Borisov 正在距离太阳 2.1AU 之外以 175 000 千米 / 小时的速度奔向太阳，这个速度高于所有已知的太阳系"土著"彗星。

彗尾延伸约 16 万公里，相当于地球直径的 13 倍。这一特征是基于

紫微
星语

2I/Borisov：和背景中一个遥远星系的合影（左）；刚过近日点后的图像（右）
| 图源：NASA/ESA/HST

2019 年 11 月夏威夷凯克天文台（W. M. Keck Observatory, WMKO）的低分辨率成像光谱仪拍摄的图像判明的。

自转周期大于 10 小时。因为形状不规则，彗星的自转更像是翻滚，可以通过连续的光度测量获得自转周期的信息。太阳系彗星的自转周期一般在 4~120 小时。

成分和年龄（46 亿年）与太阳系内的彗星相似。光谱数据显示其成分与起源于奥尔特云的长周期彗星相似。

是一颗碳链耗尽的彗星。气态碳分子（C_2）的含量较低，而氨基（NH_2）的含量较高，与我们太阳系中的木星族彗星的特征相似。

气体中含氰（CN）。氰也是太阳系彗星中普遍存在的物质。

水的生成率与太阳系彗星相似。2019 年 9 月在 2I/Borisov 中首次探测到氧原子，11 月初探测到与水密切相关的羟基分子（OH），并于 12 月初达到峰值。

2. 太阳系小天体

星际彗星与我们

太阳系内的彗星，命运不尽相同。有的在挥发物耗尽后，活动性消失而成为类似小行星的死彗星，有的会发生分裂瓦解，有的会与太阳或行星发生撞击，有的则会被抛出太阳系。

哈勃望远镜团队认为在我们的太阳系中任何时候都应该存在着成千上万颗星际彗星这样的星际天体，只是由于太暗了，我们观测不到。有研究认为每1~2亿年就会有一颗直径大于100米的星际天体撞击地球，到目前为止，地球应该已经被星际天体撞击了25到50次了。

关于地球上生命物质的起源，一种观点认为是由太阳系中的彗星投递到地球上的。那么，观测到2I/Borisov的物质成分与太阳系内彗星类似，意味着地球上生命的出现可能也有来自星际彗星的贡献。同样，被太阳系抛出的彗星也会携带这些生命成分到其他系外行星，这对于人类寻找系外生命无疑是一个好消息。

后记

本文成文过程中，2020年4月6日的观测显示2I/Borisov只有一个核，这意味着分裂出来的另一块彗核已经消失了；4月10日，它距离太阳已达约3.4 AU，渐行渐远。纵然心碎，2I/Borisov还将继续它的星际航程，就让我们祝愿这颗星际彗星返程顺利吧！

作者简介 **史建春** 中国科学院紫金山天文台副研究员。研究方向：彗星的物理属性和活动性研究、彗星观测和测光、彗星长期光变研究等。

2.7 彗星 67P：俏身段、怪脾气和水密码

"七年，彗星先出东方，见北方，五月见西方……彗星复见西方……"
这是《史记》中关于公元前 240 年（秦始皇七年）哈雷彗星的最早观测记
录之一。此后人类对这类拖着"尾巴"的神秘小天体保持持续关注，但在上
千年的历史中，它们都被当作预示灾难降临的"扫帚星"。

神秘的彗星

今天，我们已经知道，太阳系中的彗星是围绕太阳运行的一类小天体，
因彗核内部的演化程度很小，封存了太阳系的原始信息和遗迹，而被称为研
究太阳系演化的"时间胶囊"或者"太阳系活化石"。

彗星中富含多种气体、挥发成分与有机物，其中水和有机物的探测不仅
有助于研究地球水的来源和水在太阳系中的分布，还有助于揭示地球生命的
起源。

我们还知道，其他恒星系统中也会有所谓系外彗星。前不久，人类甚至
还探测到了首颗闯入太阳系的星际彗星。人们对彗星的认识正随着观测技术
和分析手段的提高而逐渐深入。

高精度的彗星飞越探测数据极大地丰富了人类对彗星的认识。自 1985
年欧洲空间局（ESA）和美国航天局（NASA）合作完成首次哈雷彗星（1P/
Halley）飞越探测以来，人类已成功对 7 颗彗星进行了飞越探测，获得了其
中 5 颗彗星的彗核结构，它们大小不一、形态各异。但是由于地面观测和飞
越探测各自的局限性，前期科学家对于观测数据的处理，尤其是对彗星的彗
发中不同气体成分（例如水、二氧化碳等）的分布及生产率的计算，大都是
建立在球形彗核及均匀的表面活动性的假设之上的。

67P：外表和内涵

2014 年 8 月到 2016 年 9 月，欧空局的罗塞塔号探测器（Rosetta spacecraft, Rosetta）对木星族彗星 67P/Churyumov-Gerasimenko（丘留莫夫－格拉西缅科彗星）进行了近距离多方位探测，向人类展现了一个形状怪异、地形复杂、有着高耸的峭壁和各种气体喷流，甚至还显示出有机物存在痕迹的奇妙的太阳系小天体。

67P 表面的悬崖高度可达 800 米，崖底布满巨石；有些裂缝的宽度可达几米，长度可达一千米；凹坑的坑壁陡峭，底部较平坦，直径从十几米到几十米不等；部分凹坑内有尘埃喷流，这说明凹坑的形成与地下喷流有关；沙丘地形、岩石后的沙粒堆积和岩石周围被风吹开沙粒形成的凹坑等特征显示，在彗星表面可能存在微风。

罗塞塔号探测器上搭载的质谱仪（Rosetta Orbiter Spectrometer

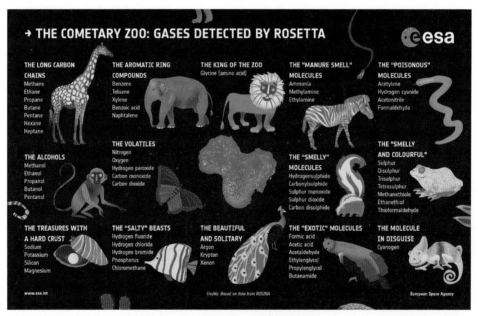

ROSINA 在 67P 彗发中探测到的气体－彗星动物园｜图源：ESA

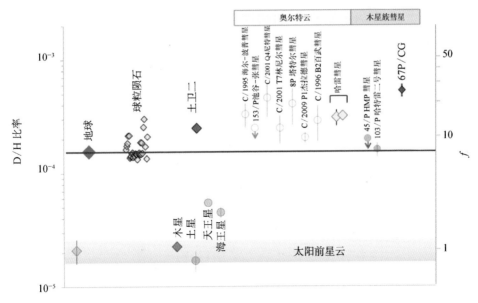

太阳系天体上的水中氘和氢的同位素丰度比的分布 | 图源：ESA

for Ion and Neutral Analysis, ROSINA）在 67P 彗发中探测到几十种分子，其中包括第一次在彗星上探测到的氧气和构成地球生命的重要有机物甘氨酸。此外，还探测到 67P 上的水中氘和氢的同位素丰度比 D/H 比率高于地球上海洋中的值，这与之前基于 103P/Hartley 2 得出地球上的水来自彗星的猜测不相符。

俏身段：彗核结构

科学家们对这个由两部分组成的凹凸有致的"小黄鸭"彗核结构产生了浓厚的兴趣。他们从不同的角度开展相关研究，提出了多个可能的形成机制：

从彗核两个部分的地表结构差异来看，两个独立的星子可能是在太阳系形成初期即缓慢碰撞在一起形成了双核结构；

从动力学角度来看，气体挥发等彗核活动产生的力矩加速了原始单一彗核的自转，从而导致"颈部"的形成；

　　　　　　　　　　　　　　　2. 太阳系小天体

从撞击理论的层面分析，彗核母体受到毁灭性或半毁灭性撞击后产生的碎片有可能再次聚集形成 67P 彗核；

近期的研究则指出，彗核表面和内部的剪切应力也可能导致"颈部"受到侵蚀而形成观测到的结构。

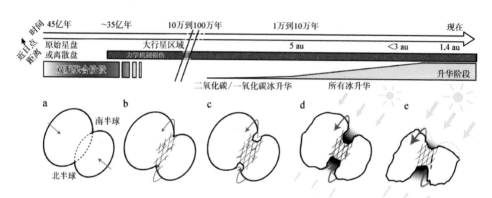

力学机制导致的侵蚀>>物质升华导致的侵蚀　物质升华导致的侵蚀>>力学机制导致的侵蚀

剪切应力的动力学侵蚀形成 67P 彗核形状的机制

| 图源：Nature Geoscience (Matonti, et al., 2019)

怪脾气：彗核活动

虽然 67P 奇特"身段"的塑造过程目前没有确定的结论，但是罗塞塔的探测数据显示，是 67P 不规则的彗核结构和复杂的表面地形导致了彗发中气体和尘埃活动的不均匀性。

对 67P 的早期观测（彗星距太阳中心超过约 5.6 亿千米）揭示了太阳辐射对水分子挥发活动的驱动作用。多个仪器的探测结果都指出位于"颈部"的哈比（Hapi，埃及尼罗河之神）地区的挥发活动相对强烈。随着探测距离的接近，高精度的探测数据显示出彗核表面地貌的南北差异。彗星在近日点前后受到较强光照，从而活动性剧烈的南半球相比北半球受到更多侵蚀。科学家们也通过分析和模拟彗核表面局部区域周日太阳辐射强度的变化，指出复杂的地形地貌和由此导致的光照变化是形成喷流结构的决定性因素。

彗星上的喷流 | 图源：ESA/Rosetta/MPS for OSIRIS Team MPS/UPD/LAM/IAA/SSO/
INTA/UPM/DASP/IDA

彗星上的喷流 | 图源：ESA/Rosetta/MPS

水密码：建模解读

　　由太阳辐射驱动的气体挥发等彗核活动在彗核表面的分布显然是不均匀
的，这与彗核的形状、指向及局部地貌都密切相关，不规则形状导致的彗核
表面的阴影区域和自受热效应也不能忽视。科学家认识到传统的球对称彗发

　　　　　　　　　　　　　2. 太阳系小天体

模型已经不能满足精确解读罗塞塔获取的高精度数据的需求，建立考虑上述种种因素的三维模型成为更好地理解彗核复杂的活动机制的最佳选择。

近年来，随着计算机能力的不断提高，包括密度、温度和压强等参数的三维气体场模型得到进一步的发展，科学家们基于直接蒙特卡洛模拟（Direct simulation Monte Carlo, DSMC）和流体动力学模拟等方法建立的三维彗发模型在解读罗塞塔号探测器搭载的多个仪器的观测数据中得到应用。科学家们在研究中将气体挥发和尘埃运动相结合，对气体场和尘埃场进行三维模拟，探索彗星活动的机制。

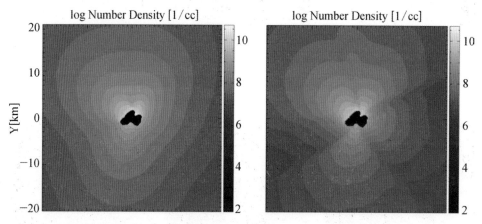

DSMC（左）和流体动力学模拟（右）建立的三维彗发模型密度分布的截面
| 图源 : Astronomy and Astrophysics (Bieler, et al., 2015)

为了精确解读罗塞塔号探测器上搭载的毫米和亚毫米波探测器（Microwave Instrument for the Rosetta Orbiter, MIRO）得到的探测数据蕴含的丰富信息，中国科学院紫金山天文台和德国马普太阳系研究所组成的中德合作团队在近期的工作中建立了首个三维辐射转移模型（研究辐射通过既有吸收又有发射的介质时变化情况的理论模型分析方法），并用于MIRO 早期观测中的水分子空间分布的研究。

研究人员在传统的球对称彗发结构的基础上，考虑了 67P 彗核复杂的形状、彗核表面光照的分布及阴影和自受热效应等因素，建立了水分子空间分布的三维结构，并利用基于 LIME 代码建立的三维辐射转移程序对 MIRO 早期水分子观测数据进行了更高精度的拟合，从而对这一阶段水分子的生产率、空间分布特性及彗核表面活动性有了更精确的认识。

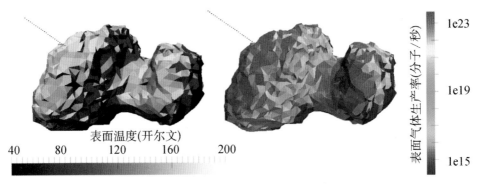

67P 复杂的形状及光照导致的表面温度（左）和水分子生产率（右）的分布
| 图源：MNRAS (Zhao, et al., 2019)/ 紫金山天文台

研究发现，位于"颈部"的 Hapi 区域活动性较为强烈，水分子生产率相比彗核表面其他区域高出大约一个量级。这个结论与多个仪器的观测结果相一致。科学家首次提出的三维辐射转移模型在后续对 MIRO 大量数据进行精确分析的过程中发挥了重要作用，对于研究彗发中多种气体成分在 67P 经过近日点前后的分布特性和活动性具有重要科学价值。

该三维辐射转移模型无疑是目前精确解译彗发中复杂分子谱线的最好方法，也可应用于对地面高精度彗星观测数据的解读，最终更精确地确定不同族群彗星彗发中各种气体分子的丰度，为探索其起源和演化过程提供线索。

星空浩瀚无比，探索永无止境。罗塞塔任务的成功使人类对彗星的认识进入了新的阶段。科学家们在不断探索对探测数据进行更精确解读的方法，以获取更多有价值的信息，进而对这类由冰和尘埃组成的不规则小天体复杂的活动机制有更为深入的理解。与此同时，我国对主带彗星及欧洲空间局对长周期彗星的探测计划也在紧锣密鼓地进行中。我们坚信人类对彗星孜孜不倦的探索，终将帮助我们解开太阳系的起源及演化、地球海洋水的来源和生命的起源等谜团。

中国科学院紫金山天文台长期从事彗星科学研究，截至 2019 年，已发现 6 颗彗星（62P/Tsuchinshan、60P/Tsuchinshan、142P/Ge-Wang、C/1977 V1、P/2007 S1 和 C/2017 E2），在哈雷彗星回归、彗木相撞事件与海尔－波普彗星等天文观测与物理特性等方面的研究具有重要的国际影响。这些研究工作为我国小天体深空探测任务，如主带彗星探测，提供了关键科学支撑。

 赵玉晖　中国科学院紫金山天文台副研究员。研究领域：太阳系小天体动力学和形成机制研究，彗星物理特性、活动机制和长期演化研究等。

2.8 卫星——太阳系的"孙辈小可爱们"

听说咱地球最近成功吸引了一颗"小月亮"。不过，这个月她就要离开了。

哦，怎么会这样？

走，一起去听听……

"小月亮"的身世

这颗"小月亮"其实是地球的一颗临时卫星，它的真实身份是一颗编号为 2020 CD_3 的小行星，2020 年的 2 月 15 日才被人们发现。据推测，它

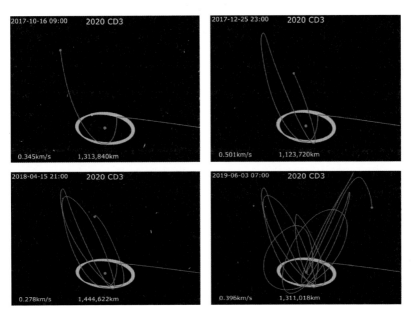

2020 CD_3 被地球俘获后的轨道运动，图中，地球用蓝色点表示，2020 CD_3 的轨道用紫色线表示，月球轨道用黄色线表示

| 图源：Phoenix 7777, HORIZONS System, JPL, NASA

2. 太阳系小天体

是最近两年才被地球俘获的，半径 1.9~3.5 米左右，大约相当于一辆小轿车的大小。

"小月亮"本来是一颗与地球同轨道的绕太阳运行的小行星，由于与地球的相对速度较小而被地球偶然俘获。俘获后由于同时受地球、太阳和月球的引力作用，其轨道极其混沌（动力学专业名词，可直观理解为若把其位置或速度或受力做一点点改动，其运动轨迹便截然不同）。在经历若干次与月球的密近接触后，2020 CD$_3$ 已在 2020 年 5 月离开了地球，继续做一个绕太阳运行的小行星。而大约在 2044 年 3 月，它将再次靠近地球，而那次很可能仅仅是擦肩而过，不会像这次一样"波澜壮阔"了。

据数值模拟结果，地球的附近每时每刻都有临时卫星光临，只不过大多数都很小，而且绕行时间很短，所以很难被观测到。2020 CD$_3$ 来了两年后即将离开时才被发现，这也间接说明了很多进进出出的小卫星还没来得及被我们发现就溜走了。

如果把太阳系看作一个大家族，处于中心地位的太阳就像一家之主的"父亲"，八大行星则是地位显赫的"儿子"，而大行星的卫星就像是活泼机灵的"孙辈"，它们是一群性情各异的"小可爱"。

用实力说话

先说说最为直观的"个头和体重"（即体积和质量）。体积最大的两个卫星是木卫三（Ganymede）和土卫六（Titan），比它们的"八叔"——水星的体积还要大；而迄今为止观测到的体积最小的卫星是土星环内的小卫星（moonlets）S/2009 S 1，平均半径 150 米，大概只相当于一座小山丘的规模。其实卫星的体积并没有下限，比如土星环内就有数以百万计的小卫星和更多更小的微型冰颗粒。

但个头大并不代表影响力强，天体的"影响力"主要还是看质量。木卫三虽然体积比水星大 8%，但质量还不到它的一半，这是因为木卫三内有近一半是水冰，而水星由于离太阳很近，上面绝大部分的物质均是难挥发的金

紫微星语

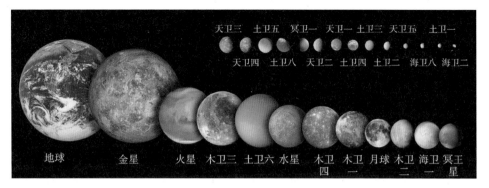

类地行星与较大卫星按体积从大到小的排列图 | 图源：tony‑g100

属和岩石。

天体只有足够大时，其形状才会在引力作用下变成球体从而达到流体静力学平衡，目前已知最小的球形卫星是土卫一（Mimas）。而卫星中满足上述条件，形状近似为球体的只有 20 颗左右，其余的大多是不规则形状。

卫星表面除了土卫六有浓密的大气层，其余的都基本上没有大气，这使得其表面特征能被很容易地观测到。卫星表面比较常见的特征包括陨石坑、沟渠、山脊、火山口等，而这些就像犯罪现场的各种痕迹，为科学家推测其形成演化历史提供了重要线索。

"小可爱们"如何追星？

○ 巨行星的卫星

八大行星中外面的四个巨行星都有各自颇具规模的卫星系统，系统内卫星根据其轨道特征可分为规则卫星和不规则卫星。规则卫星的轨道与其主行星的赤道面近似重合，并且是近圆形的。由于巨行星的赤道面与黄道面均有夹角，而这些规则卫星的轨道又跟它们主星的赤道面高度一致，同时总质量又远小于主行星质量，于是科学家由此推测，这些规则卫星是在行星形成初期的吸积盘（又称原卫星盘）中生长起来的。

它们除了自己的公转与中心行星联系密切，其大多数的自转也因为与中

2. 太阳系小天体

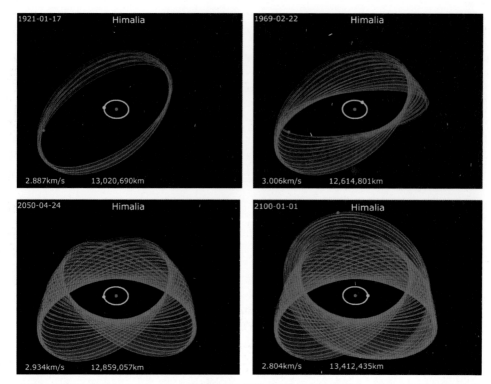

木星的不规则卫星木卫六 Himalia 与规则卫星木卫四 Callisto 的轨道对比，图中，木星用蓝色点表示，木卫六 Himalia 与木卫四 Callisto 的轨道分别用紫色和青色线表示
| 图源：Phoenix 7777, HORIZONS System, JPL, NASA

心行星之间强烈的潮汐作用而进入了最后的平衡态，即与自身的公转同步。进入这种潮汐锁定的卫星永远用同一面对着中心行星，我们的月球也是其中的一员。规则卫星最多的是土星，目前已命名的百米量级以上的规则卫星有23 个。

与规则卫星相对的是不规则卫星，其绕转轨道离主行星较远，与主行星赤道面的夹角较大甚至逆行，且大多数是大偏心轨道。不规则卫星虽然轨道不"规则"，但却可以在自己的轨道上保持相对稳定的状态至少几百万年。科学家普遍认为不规则卫星形成于巨行星形成后的迁移和碰撞阶段，由行星俘获其轨道附近围太阳绕转的小行星而来。根据其轨道半长径、偏心率或轨道倾角所处的不同范围，不规则卫星又被分为不同的族群。同一族群的不规则卫星一般被认为有相同的母体，或经历了相同的碰撞。

○ 类地行星的卫星

实际上，太阳系中的八大行星并不是每颗都有自己的卫星，最靠近太阳的水星和金星便没有卫星。地球和火星分别有一个和两个卫星，但相对于外面四个巨行星各自几十个的庞大卫星家族来说，也是比较另类的。单薄的卫星系统，再配上较高的密度和相对稀薄的大气层，便构成类地行星的基本特征。由此，科学家推测类地行星是由火星大小的行星胚胎经过长时间的聚合性碰撞形成的。

前途不可限量

针对太阳系卫星的研究一直是行星科学以及行星动力学领域的重要部分。其最新研究包括：发现更多巨行星的不规则卫星和小卫星；从最新观测数据中分析某个卫星的各种物理特征；从物理或轨道特征推测某卫星的形成和演化历史；以及结合行星形成和演化理论方面的最新进展，用卫星系统的形成和稳定性去限制理论中的时间节点或初始状态等等。

卫星们作为太阳系大家族中的"孙辈"，虽然辈分最低，但由于其数量众多，特征迥异，从而为研究太阳系的形成演化提供了不可或缺的重要线索，也为地外生命的搜寻提供了更广阔的可能性。随着更多高精度观测的展开，以及更多空间探测器的光顾，这些"孙辈"们将被更广泛深入地研究，从而发挥更大的作用。

陈媛媛 中国科学院紫金山天文台副研究员。研究方向：行星轨道动力学，行星系统形成与演化。

3

天外来客

METEORITES:
THE EXTRATERRESTRIAL

陨石是珍贵的太空岩石样本，它们有些还保存着太阳系诞生时的信息。科学家们通过研究这些陨石，打开尘封已久的"时间胶囊"，解密太阳系的前世今生。

3.1 又见火流星

2019 年 10 月 11 日凌晨 0 时许，吉林省松原市夜空突现一道火光，照亮了整个夜空，有不少当地居民目击了此火流星事件。

从网上传播的视频看，这很像是一次陨石陨落事件，但是至今尚无找到陨石实物的报道，吉林省吉林市陨石博物馆派专人前往事件发生地做进一步调查。美国航天局（NASA）的卫星也监测到此次火流星事件，空爆中心位于东经 122.9 度，北纬 44.3 度，离地面 47.3 公里的高空。流星体闯入大气层的速度高达 14 千米每秒。

全国各地也有不少星友赶赴火流星发生地，试图寻找可能坠落的陨石。但最终仍然没有找到相应的陨石。

那么，火流星到底是怎么回事呢？会有陨石落地吗？它是从哪里飞来的呢？如何鉴定？找到它又有什么价值呢？

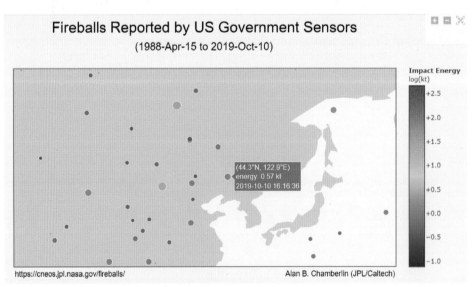

本次火流星事件携带的动能约 570 吨 TNT 当量 | 图源：NASA

火流星事件一定会有陨石落地吗？

火流星事件是常见的天文事件。太阳系内众多的小行星之间发生互相碰撞以及受到太阳系内各大天体的引力摄动都会使它们脱离原来的轨道，当它们靠近地球时，就可能会被地球的引力所捕获。

受地球引力的加速作用，小行星碎片进入地球大气层时的速度超过第二宇宙速度（即 11.2 千米每秒），在进入低层稠密大气层时，高速运动的碎片会猛烈地压缩前方空气，使得空气的温度迅速升高到几千摄氏度，进而发光发热，这也就是我们看到的火流星现象。

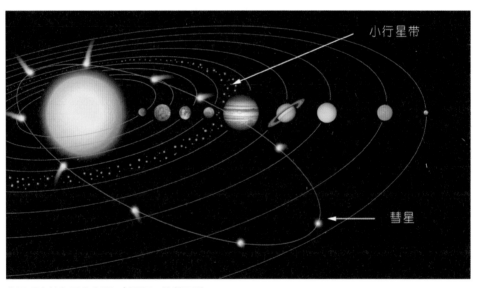

太阳系内的行星分布图 ┃图源：维基百科

高温高压的气流会对小行星碎片进行剥蚀和减速，大多数的较小的碎片都会在大气层中烧蚀殆尽。具体情况取决于流星母体进入大气层时的速度、入射角度、自身大小和机械强度等多方面因素。

其实，2 000 多年前《史记》中就有"星坠至地则石也"的记载 。我们在晴朗的夜晚见到的一闪而过的流星，它们的母体可能只有拇指大小，而

3. 天外来客

那些明亮的火流星，母体大小会超过 1 米，质量则会重达数吨。如果流星体穿越大气层后燃烧未尽而有剩余物质降落到地面，就是陨石，通常会有几千克到几十千克的陨石落地。

陨石从哪里来？

陨石是来自地外天体的碎片穿越大气层陨落到地球的岩石样品，是人类直接认知太阳系天体珍贵稀有的实物标本，对研究太阳系的形成和演化具有重要的意义。

绝大多数陨石来自火星和木星之间的小行星带，极少数来自月球和火星，还有些微小陨石可能是来自彗星的尘埃颗粒。据估算，每天都有陨石降落地球，年累积量重达几十吨，但是它们中绝大多数都陨落在海洋、山区、森林、沙漠等人烟稀少

吉林 1 号陨石 │图源：Francesc Fort

的地区，鲜为人知。每年观察到并收集到的目击陨石平均只有 10 次左右，因此目击陨石就显得更加珍贵。

1976 年 3 月 8 日在吉林省吉林市近郊降落了一场特大陨石雨，共收集到较大陨石 100 多块，总重量超过 4 000 千克，其中 1 号陨石重约 1 770 千克，是世界上最大的石陨石。

陨石有哪几种？

目前全世界已收集到 6 万多块陨石样品。它们大致可分为三大类：石陨石（主要成分是硅酸盐）、铁陨石（铁镍合金）和石铁陨石（铁和硅酸盐混合物）。

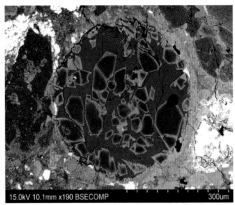

左：曼桂陨石外观；右：球粒陨石中的球粒 ｜ 图源：紫金山天文台

组成陨石的主要矿物是三种硅酸盐矿物（橄榄石、辉石、长石）和两种金属矿物（铁纹石、镍纹石），其他矿物在陨石中含量非常少。陨石鉴定和分类的主要依据就是这些主要矿物的化学成分。

石陨石又分为球粒陨石和无球粒陨石。

大部分陨石是球粒陨石（占总数的92%），其中又以普通球粒陨石居多（占总数的80%）。球粒陨石的特点是其内部含有大量毫米到亚毫米大小的硅酸盐球体。球粒陨石是太阳系内最原始的物质，是从原始太阳星云中直接凝聚出来的产物，它们的平均化学成分代表了太阳系的化学组分。2018年6月1号陨落在云南西双版纳地区的曼桂陨石就是一块L6型普通球粒陨石。

顾名思义，无球粒陨石中不含球粒，和地球上的超基性和基性岩石类似，因此比球粒陨石更难鉴别。

还有一些更细致的分类，在这里就不详述了。

陨石如何鉴定？

对于资深的陨石收藏者和陨石猎人来说，通过肉眼观察可以大致识别球粒陨石，主要利用陨石标本的一些特征（融壳和气印、密度、成分差异、磁性以及其他结构等）来判断。无球粒陨石与地球岩石外观上很相似，很难鉴别。要最终确认陨石，并判定其类型，即便是球粒陨石，也必须通过仪器检测才能完成。

专业的陨石鉴定通常需要提供以下几个检测结果：

1. 样品中有没有圆形的硅酸盐球粒？

2. 球粒中有哪些主要矿物？

3. 球粒中的主要矿物的化学成分是什么？

4. 样品中有没有铁纹石和镍纹石？有多少？

5. 铁纹石和镍纹石的化学成分是什么？

6. 样品中有没有橄榄石、辉石和长石？有多少？

7. 橄榄石、辉石和长石的主要元素化学成分是什么？

8. 橄榄石、辉石和长石的微量元素化学成分是什么？

有了这些分析数据，就能确定疑似样品是球粒陨石、无球粒陨石、石铁陨石还是铁陨石了。

陨石的仪器检测是门专业性很强的学问，不仅要有专业对口的仪器设备，更关键的是检测人员必须具备扎实的陨石背景知识，再加上精湛的样品制备工序，三者缺一不可。

目前，我国从事陨石研究的科研部门主要集中在中国科学院的天文台和地质研究单位，他们长期开展国际陨石前沿领域的科学研究，参与了中国南极陨石的分类和鉴定工作，设备齐全，经验丰富，是最权威的陨石鉴定机构。

给星友们的话

近年来，越来越多的民众喜爱和收藏陨石，出于对科研部门的信任，很多陨石爱好者都愿意把疑似陨石的样品寄往国内的陨石科研机构，有些星友甚至不远万里，亲自送样品上门检测。但是，我们在实际工作中发现，星友们所谓的"陨石"很多其实就是地球岩石样品，真正是陨石的样品少之又少。

一方面，科研部门应接不暇，不能满足每位星友的鉴定需求；另一方面很多星友花费了大量的时间和精力，最终却得不到认可，感觉科研部门的门槛太高，总是被拒之门外。这看上去似乎是一对矛盾，但实际上是有解决方法的。

建议星友们首先要抱着一颗平常心，不要轻易亲自送样品上门到科研部门检测，这样可以节约大量的时间和金钱，也不会带来太大的失望和沮丧感。可以先考虑把疑似陨石样品的照片上传到中国陨石网（http://www.qqyunshi.com），这是个民间陨石科普网站，但网站的很多志愿者经验非常丰富，完全可以相信他们的鉴别能力；另外，这个网站是非营利公益性的，不会涉及任何利益关系，相对来说比较公平公正。初步判断样品为"疑似陨石"后，该网站会协助星友推荐到国家正规科研部门做进一步检测。

火流星虽然美丽，能留下陨石更是显得珍贵，但出现火流星不一定就能找到陨石，有时流星体在大气层中燃烧殆尽就不会有陨石坠地了，更多的时候是陨石陨落到隐秘之处，不易被人发现。近年来国内曾多次出现火流星事件，经多方查找均未找却到陨石。就像 2017 年发生在云南香格里拉的火流星事件，吸引了很多爱好者蜂拥而至，历经千辛万苦的搜寻，但最后却无功而返。建议大家理性对待这些火流星事件，不要盲目去追星。陨石的真正价值体现在科学研究上。

关于陨石及其研究更详细的内容，推荐阅读由中国科学院紫金山天文台徐伟彪老师主编的《天外来客：陨石》。

作者简介 中国科学院紫金山天文台天体化学实验室。

3. 天外来客

3.2 新冠病毒来自流星？流星表示拒绝背锅！

公元 2020 年，新型冠状病毒导致的肺炎疫情肆虐全球。世界各国科学家们争分夺秒，对新冠病毒展开了寻根溯源的研究。然而，据英国《每日邮报》3 月 13 日报道，一位名叫钱德拉·威克拉马辛哈（Nalin Chandra Wickramasinghe）的英国科学家在接受采访时称："新冠肺炎病毒并非来自地球上的蝙

流星带来病毒？｜图源：紫金山天文台

蝠或其他动物，而是来自太空中的流星。"他认为 2019 年 10 月坠落在中国的一颗流星将病毒颗粒带到了地球，并借助盛行风将病毒在北纬 40~60 度的范围内传播开来。

这一观点遭到了国际上很多学者的反对。钱德拉所指的是 2019 年 10 月 11 日凌晨发生在我国吉林省松原市附近的一次火流星陨落事件。事后经多方搜寻未能幸运地找到流星的残骸——陨石。

然而，这位英国数学家、天文学家和天体生物学家似乎选择性地

在火流星陨落点附近的玉米地里搜寻陨石
｜图源：上海科技馆，杜芝茂

遗忘了一个重要的常识：每年降落到地球上的流星数不胜数，而且火流星事件在世界各地均有大量报告。据国际流星组织（International Meteor Organization, IMO）统计，在过去十年内，每年有记录的目视流星的数量约为 43 000~89 000 颗。在 2020 年 1 月间，仅发生在美国的火流星事件就高达 1 013 起。显然，妄称坠落在中国的流星带来了新冠病毒完全是一种毫无科学依据的主观臆断！

Fireball Reports			United States		All states	Jan 01, 2020 - Jan 31, 2020 ▾	All types ▾	All Event	🗓
Reports found: 1013 in January 2020 in (US)								Page 1 / 21	
ID	UT Date & Time	Local Date & Time	Country	City	State	Dur.	Magn.	D. Sound	C. Sound	Frag.	Observer	Exp. Level

ID	UT Date & Time	Local Date & Time	Country	City	State	Dur.	Magn.	D. Sound	C. Sound	Frag.	Observer	Exp. Level
⊕ Event 1365-2020												
1365a	2020-01-12 23:53 UT	2020-01-12 18:53 EDT	US 🇺🇸	Fairview Park	OH	≈20s	-13	.	.	?	fredD	3
⊕ Event 874-2020												
874a	2020-01-24 10:30 UT	2020-01-24 04:30 CST	US 🇺🇸	Dalhart	TX	≈3.5s	-13	.	.	.	ColinL	2
⊕ Event 760-2020												
760a	2020-01-11 13:04 UT	2020-01-11 05:04 PST	US 🇺🇸	Kent	WA	<1s	-10	.	.	?	JosephC	3
⊕ Event 593-2020												
593a	2020-02-01 07:00 UT	2020-01-31 23:00 PST	US 🇺🇸	Shafter	CA	≈20s	-6	.	.	.	JuanA	4
⊕ Event 591-2020												
591a	2020-02-01 04:22 UT	2020-01-31 20:22 PST	US 🇺🇸	Fernley	NV	≈1.5s	-12	.	.	.	AmandaV	4
591b	2020-02-01 04:30 UT	2020-01-31 20:30 PST	US 🇺🇸	Minden	NV	≈3.5s	-16	.	.	.	DeeH	3

2020 年 1 月间，发生在美国的部分火流星事件 | 图源：IMO

那么作为天外来客的陨石究竟是否可能携带病毒呢？要回答这个问题，我们有必要回顾一下近几十年来陨石学家们在地外有机物研究领域的重要成果。

碳质球粒陨石

碳质球粒陨石是最古老、最原始、最能代表太阳系初始物质组成的一类陨石，蕴含着较高丰度的碳元素，因而也是有机物含量最丰富的一类陨石。碳质球粒陨石十分稀有，其数量仅占所有陨石的 3.5% 左右；目前全球目击降落的碳质球粒陨石仅 49 块，其中包括中国的宁强陨石（CK3-an）和施甸陨石（CM2）。

碳元素主要以三种形式存在于碳质球粒陨石中：1. 金刚石、石墨、碳化硅等形成于太阳系之前的恒星尘埃；2. 在陨石的小行星母体上通过流体蚀变反应形成的碳酸盐矿物；3. 在恒星际空间、太阳星云和小行星母体上形成的有机物。其中，有机物是碳元素最主要的存在形式，平均含量可达 2 wt%。

1969 年 9 月 28 日，一颗火流星陨落在澳大利亚，带来了大名鼎鼎的 Murchison 陨石（CM2）。方圆 13 平方千米的陨落带内共收集到陨石约 100 千克。这块碳质球粒陨石生逢其时，借助美国科学界为阿波罗月球样品准备的一流的分析测试平台，Murchison 陨石获得了广泛而深入的研究。可以说目前对于陨石中有机物的认识，很大一部分都来自对 Murchison 陨石的研究。

陨石中有机物的种类

陨石几乎囊括了所有生物成因的有机物类型。尤其是碳质球粒陨石，它就像一个天然的实验室，通过古老的化学过程合成了各种有机分子。根据分子量大小，陨石中的有机物可分为两大类：小分子有机物（约占25%），又称自由分子，可用有机溶剂从陨石中提取获得；大分子有机物（约占75%），需利用 HF-HCl 将绝大部分矿物溶解后，从残余物中搜寻。

以 Murchison 陨石为例，其含有的小分子有机物主要包括氨基酸、羧酸、糖类、胺类、酰胺类、杂环烃、脂肪烃、芳

宁强碳质球粒陨石 | 图源：紫金山天文台

Murchison 陨石 | 图源：MeteoriteCollector.org

香烃等，其中许多物质与生命过程息息相关。例如，氨基酸是组成蛋白质的基本单元，羧酸（如：乳酸）参与生物体的新陈代谢，糖类是生物体的重要能量来源并为构成其他分子提供碳架结构，氮杂环化合物（如：嘌呤、嘧啶）是遗传物质核酸的重要组成成分等。大分子有机物通常由芳香烃与各种结构的小分子发生交联、聚合而成。

想象一下：如果在实验室炖一锅陨石汤，不知道能不能尝出鸡汤的味道？

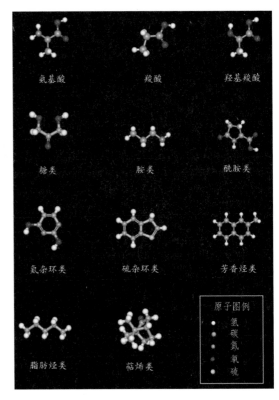

Murchison 陨石中的部分有机物种类
| 图源：修改自 Sephton，2005

陨石中有机物来源：
稳定同位素异常

地球污染是陨石有机物研究中一个无法回避的问题。如何证明陨石中的有机物来自地外而非地球物质的污染？碳、氢、氮、硫等元素的稳定同位素组成提供了非常有力的证据。举个例子，科学家利用高精度、高分辨率的二次离子质谱仪对 EET 92042（CR2）陨石中的不可溶有机物进行了氢、氮同位素的面扫描，发现一些热点区域极端富集 H 和 N 的重同位素 D 和 ^{15}N，这种区别于太阳系物质的同位素组成特征被称作同位素异常。根据有机物的稳定同位素组成，科学家推测它们很可能形成于恒星际介质或太阳系原行星盘最寒冷的边缘区域。这些有机物在太阳系形成前就存在，随着太阳

3. 天外来客

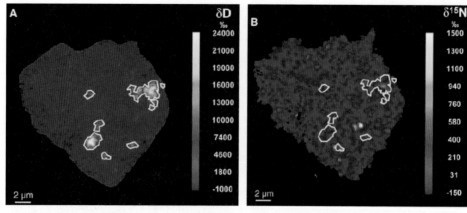

EET 92042（CR2）陨石中不可溶有机物的 δD 和 δ¹⁵N 分布图 | 图源：Busemann，2006

星云的塌缩、凝聚，被最原始的碳质球粒陨石保存了下来。

有机物在陨石中的存在形式

　　球粒陨石由高温条件下形成的微米至毫米级大小的球粒和低温条件下形成的细粒的基质组成。绝大部分有机物存在于碳质球粒陨石的基质中。基质中的橄榄石、辉石等矿物在经历了含水流体的低温蚀变后转化为黏土矿物，有机物便存在于这些层状硅酸盐之中。由于黏土矿物本身是一种化学反应的催化剂，无机物与有机物的相互作用也促进了原始的恒星来源的有机物不断

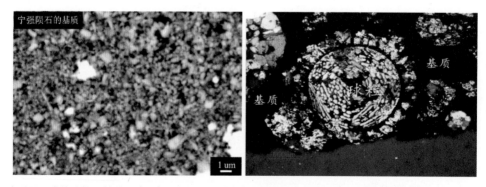

宁强陨石中的球粒和基质，（左）正交偏光，（右）扫描电镜 BSE | 图源：紫金山天文台

衍生出更加丰富的新物质。

小行星上有机物的化学反应

球粒陨石的母体是位于火星和木星之间的主带小行星。由于放射性同位素衰变产生的热量和水、H_2S 等流体的存在，小行星形成后经历了不同程度的热变和流体变质作用。在此过程中，从太阳星云中继承的原始的有机分子也发生了进一步的化学演化。例如，乙醛和氢氰酸在 pH < 5 的酸性条件下与水结合生成乳酸，而在 pH = 6~8 且存在氨分子的条件下，则反应生成丙氨酸。由此可见，pH 值和氨分子浓度是决定反应产物中羧酸与氨基酸比例的关键因素。同样，高温也会导致有机物的化学变化。例如，谷氨酸受热发生脱羧或脱水反应，转化为丙胺或焦谷氨酸。因此，陨石中有机物的种类和含量可以反映其小行星母体的化学环境和热演化历史。

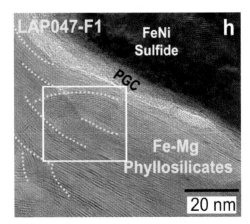 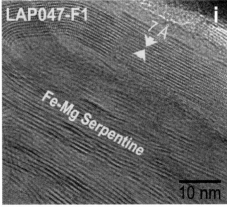

LAP 04720 陨石（CR2）基质中层状硅酸盐的透射电镜照片 | 图源：Abreu, 2016

氨基酸的手性与生命起源

在有机化学中，如果一个碳原子连接四个不同的原子或基团，那么这四个基团有两种空间排列方式，这两种空间构型如同人的左右手一样互为镜像，但不能完全重叠，这样的碳原子被称作手性碳原子，含有手性碳原子的化合

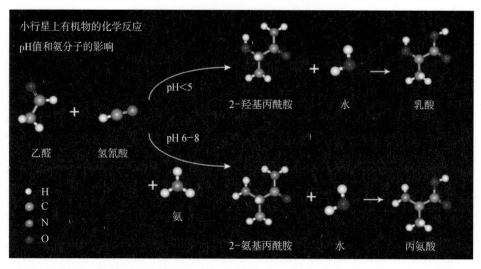

小行星上有机物的化学反应 | 图源：修改自 Sephton，2005

物称为手性分子。

　　手性氨基酸分子具有 L-，D- 两种空间构型。除极少数低等生命体（如，病毒）外，地球上生物体的蛋白质几乎都是由 L- 氨基酸构成的。因为非生物成因的氨基酸都是由等量的 L 和 D 型分子组成的，这种对 L- 氨基酸的特异性选择是解释地球生命起源问题的一个重要环节。对陨石中氨基酸的研究发现，多数氨基酸是等量的 L 型和 D 型分子的混合物，与它们的非生物成因一致；但有少量氨基酸（例如，a- 甲基氨基酸）存在过剩的（excess）L 型分子。科学家认为恒星际空间的紫外圆偏振光（UV circularly polarized light）会选择性地摧毁 D- 氨基酸分子，从而造

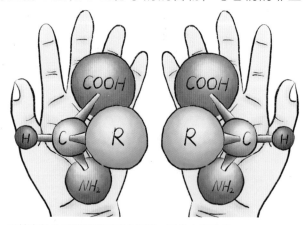

手性有机分子的镜面对称 | 图源：紫金山天文台

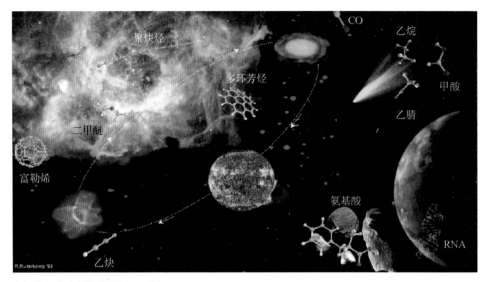

有机物与生命起源 | 图源：ESA

成 L- 氨基酸的过剩。地球生命很可能就是在一个偶然的机会下，在那些随小行星造访地球的 L 型氨基酸的基础上发生、发展和演化起来的。

除了实验室的陨石分析工作外，天文学家也通过望远镜在遥远的太空中观测到各种有机物，而对火星和矮行星 Ceres 的探测结果均证实了太阳系其他行星和小行星上存在有机物。虽然这些来自外太空的有机物与地球的生命起源息息相关，然而却与病毒之间远隔万水千山。目前没有任何证据表明流星携带或在外太空存在病毒颗粒。最后，流星同学义正词严地表示："传播病毒这个锅，我不背！"

王英 中国科学院紫金山天文台副研究员。研究方向：陨石学和天体化学。

3. 天外来客

3.3 小行星早期的热源来自哪里？

在地球上，地幔和地壳中包含了一些半衰期较长的放射性元素，例如，铀-238、铀-235、钍-232和钾-40。它们发生衰变之后，会释放出热量，成为地球内部的主要热源。不同于地球，大部分小行星都是些半径小、比表面积（表面积和体积的比例）大的天体。假设长半衰期的放射性元素也是小行星内部的主要热源，小行星内部产生的热量很快就会散失。即便是第二大主带小行星灶神星，模拟计算的结果也不例外。然而，现有的研究显示超过90%来自小行星带的陨石记录了熔融事件或者显著的热变质事件。虽然撞击作用也能够贡献热量，但是模拟计算结果显示其不足以引起全球性的热变质作用。那么小行星的热源主要来自哪里呢？

小行星：其实我也曾被温暖过

○ 球粒陨石的变质作用

球粒陨石是最常见的陨石类型，超过陨石总量的92%（统计截止至2015年7月）。球粒陨石中通常含有小小的球状物质，它们被称作为球粒。球粒主要是由硅酸盐矿物组成，尺寸从微米级到毫米级大小不等。球粒是由45.6亿年前从太阳星云中凝聚出的物质形成的；随后，在经历吸积、增生作用后，形成了小行星。因此，球粒是解密太阳系形成、演化和物质组成的钥匙。小行星形成以后，球粒陨石会经历热变质或水化蚀变。

球粒陨石的热变质程度通常以数字表示，根据热变质程度的高低划分为3型到6型。其中，3型球粒陨石受到热变质作用的影响最小（温度不超过400~600℃），基本保存了最原始的矿物种类、成分（包括挥发分物质、前太阳颗粒等）和岩石结构（球粒结构）；从4型到6型，球粒陨石的热变质程度逐渐增强（温度可达600~950℃），太阳星云冷却凝结的原始物质

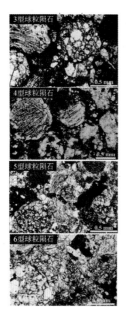

光学显微镜单偏光下 3~6 型普通球粒陨石，其中 3~5 型中球状矿物集合体为球粒，6 型中基本无球粒结构 | 图源：psrd.hawaii.edu（左）；zhihu.com（右）

和结构逐渐消失，基质重结晶程度和矿物成分均一化程度增强。这有点类似牛排的熟度划分——熟度越高，牛排中心的温度越高。

部分球粒陨石还会经历水化蚀变作用。为了统一标准，数字不仅仅被用来划分热变质程度，还被用来记录球粒陨石的水化蚀变程度。经历水化蚀变作用的球粒陨石会形成大量的含水矿物，按照水化蚀变等级从低到高分为 2 型和 1 型。1 型和 2 型球粒陨石中的水含量可分别高达 11 wt% 和 9 wt%。

○小行星的熔融分异

如果小行星发生了完全熔融，那么原始的球粒结构就会消失。金属和硅酸盐会发生熔融形成不混溶熔体，并因为密度差发生分离。密度较高的铁镍液体会沉入小行星核部，并且发生缓慢冷却结晶；在铁镍核部的上部，密度较低的硅酸盐物质会形成壳幔部分。这就类似水油分离实验：把水和油充分搅拌，静置几分钟，水重在下，油会浮在水的上面。如果幔部发生部分熔融，会熔出镁铁质的岩浆。大部分铁陨石来自熔融的小行星的核部；很多石铁陨石，例如橄榄陨铁，来自核幔边界；还有一些陨石来自小行星的壳部，如钙长辉长无球粒陨石（eucrite）。

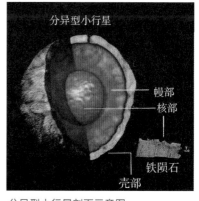

分异型小行星剖面示意图
| 图源：ehman.org

^{26}Al 牌暖宝宝：专注呵护太阳系早期小行星

是什么使看上去孤单寂寞的小行星也曾感受过温暖？答案就是：专门为太阳系早期小行星量身定制的 ^{26}Al 牌暖宝宝。

○ 生热原理：短寿期放射性核素 ^{26}Al 衰变生热

65 年前，诺贝尔化学奖获得者哈罗德·克莱顿·尤里认为短寿期放射性核素 ^{26}Al 可以

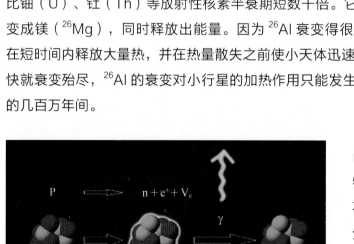

^{26}Al 牌暖宝宝 ｜图源：紫金山天文台

通过衰变放热使小行星在早期迅速升温加热。^{26}Al 比我们熟知的自然界中的铝（^{27}Al）少一个中子。短寿期放射性核素 ^{26}Al 的半衰期是 73 万年左右，比铀（U）、钍（Th）等放射性核素半衰期短数千倍。它相当不稳定，会衰变成镁（^{26}Mg），同时释放出能量。因为 ^{26}Al 衰变得很快，少量 ^{26}Al 即能在短时间内释放大量热，并在热量散失之前使小天体迅速增温。由于 ^{26}Al 很快就衰变殆尽，^{26}Al 的衰变对小行星的加热作用只能发生在太阳系早期最初的几百万年间。

P   → $n + e^+ + V_e$

γ

| ^{26}Al | ^{26}Mg* | ^{26}Mg |
| 13p + 13n | 12p + 14n | 12p + 14n |

^{26}Al 衰变为 ^{26}Mg 的过程：^{26}Al 的一个质子 p 转化成中子 n，同时释放出一个正电子 e+ 和一个电子中微子 v_e（β + 衰变），形成一个激发态的 ^{26}Mg*；激发态的 ^{26}Mg* 发射 γ 射线，形成稳定态的 ^{26}Mg ｜图源：ESA

难熔包体主要由富含钙和铝的矿物组成，是球粒陨石的重要组成部分。它们形成于高温条件（不低于 1 180℃）下，是太阳系最早形成的固态物质。由于难熔包体富含 Al 且形成时间极早，因此

紫微
星语

它们是 ^{26}Al 的主要载体。科学家们推测早期太阳系的 $^{26}Al/^{27}Al$ 的初始比值应该在 5×10^{-5} 左右。假设太阳星云中 ^{26}Al 的分布是均匀的，可以根据 $^{26}Al/^{27}Al$ 比值限定球粒的形成时间。

^{26}Al 牌暖宝宝产品参数
｜图源：紫金山天文台

○小行星的 ^{26}Al 牌暖宝宝使用情况

那么 ^{26}Al 牌暖宝宝使用效果如何呢？不得不说，这是因小行星而异的。如果小行星形成的时间较早，^{26}Al 的含量足够高，小行星很可能在形成后发生完全熔融（如灶神星）。相反，如果小行星形成的时间较晚，^{26}Al 的含量较低，放射性同位素衰变生热则不足以使小行星发生完全熔融（如球粒陨石的母体）。

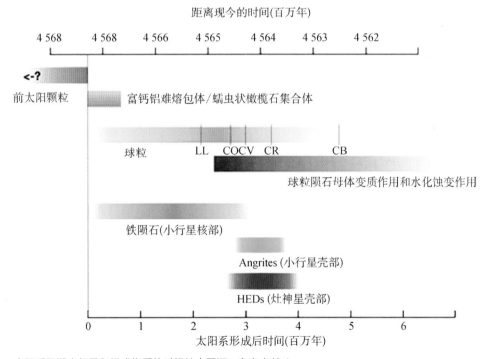

太阳系早期小行星和组成物质的时间轴｜图源：参考文献 4

3. 天外来客

对于普通球粒陨石母体来说，^{26}Al 的衰变放热能够使其母体发生热变质。其中，比较经典的热变质模型是"洋葱层模型"：由于小行星内部比表面冷却速度慢，而外部比内部热散失速率高，小行星的内部会形成热变质程度较高的岩石（如 6 型）；从 6 型到 3 型，球粒陨石的变质程度依次降低，会从小行星内部到表面以同心层状分布，形成所谓的"洋葱层"结构。

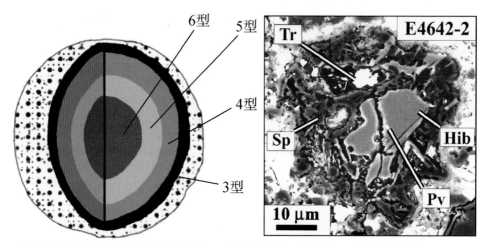

（左）未分异型小行星"洋葱层"模型剖面示意图与（右）3 型球粒陨石中富钙铝难熔包体
| 图源：在参考文献 3 的基础上绘制（左）；参考文献 5（右）

普通球粒陨石中球粒的 ^{26}Al/^{27}Al 的初始值相对较低（~1×10^{-5}），说明它们是在难熔包体形成 2 百万年以后才形成的。在球粒形成后，由球粒陨石母体增生形成。假设普通球粒陨石小行星母体的直径是 100 千米，热模拟演化模型显示：小行星内部的最高温度可达 1 000℃左右，并且可以保持超过 1 千万年的内部高温状态。CO 型碳质球粒陨石中，球粒的 ^{26}Al/^{27}Al 初始值是普通球粒陨石的一半左右（~3.8×10^{-6}）。假设碳质球粒陨石母体的直径是 80 千米，那么其热变质温度仅能达到 670℃，与观察到的 CO 型碳质球粒陨石的热变质程度基本一致。

短寿期放射性核素 ^{26}Al 的放射生热主要在小行星刚形成的几百万年发挥作用。尽管作用的时间很短，但是小行星的热变质作用、熔融分异作用改造

²⁶AI 暖宝宝使用情况 ｜图源：紫金山天文台

了小行星的结构，形成了不同成分的岩石，使太阳系变得更加多姿多彩。

参考文献

[1] Rubin A E. What heated the asteroids?[J]. Scientific American, 2005, 292(5): 80−87.

[2] Huss G R, Rubin A E, Grossman J N. Thermal metamorphism in chondrites[J]. Meteorites and the early solar system Ⅱ, 2006, 943: 567−586.

[3] Norton O R, Chitwood L A. Field guide to meteors and meteorites[M]. London: Springer, 2008.

[4] Wang K, Korotev R. Meteorites[M]. Oxford Research Encyclopedia of Planetary Science. 2019.

[5] Guan Y, McKeegan K D, MacPherson G J. Oxygen isotopes in calcium-aluminum-rich inclusions from enstatite chondrites: new evidence for a single CAI source in the solar nebula[J]. Earth and Planetary Science Letters, 2000, 181(3): 271−277.

李晔 中国科学院紫金山天文台副研究员。研究方向：陨石学和天体化学。

3. 天外来客

3.4 尘埃里，寻找闪耀的星星

"陨石"已经是大家耳熟能详的字眼了。对于狂热的收集者们、满眼求知欲的小朋友们、枯坐书斋的科学家们来说，在某些时刻它们便是宇宙的中心。那么在它前面加上一个"微"字——微陨石，又会是什么样子呢？

流星划过星空 | 图源：紫金山天文台

微陨石，从名字你就能猜到，与那些众人追捧的体格硕大的陨石明星相比，卑微如尘土，细小至肉眼难以分辨，它们的个头通常小于 2 毫米，但确实是如假包换的陨石。它们身世和陨石类似，是地外尘埃颗粒被地球引力捕获后，经历了大气层减速加热过程并降落地表的残留物。与陨石一样，它们的成分复杂，有富集金属铁的，富集硅酸盐（如橄榄石、辉石）的，也有介于富铁和富硅酸盐之间的。

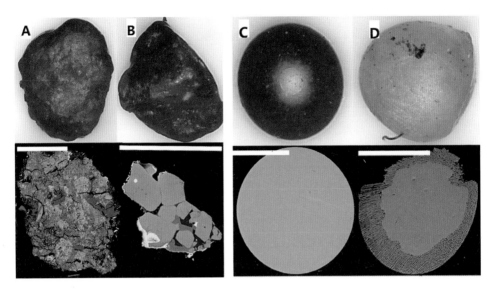

未熔融型（A~B）和熔融型微陨石（C~D）。上部为体视镜照片，下部为 BSE 照片。比例尺为
100 微米 | 图源：参考文献 1

虽然微小，但它们经历的磨难并不少。相当一部分微陨石在进入大气层
时，发生了部分甚至完全熔融，因为表面张力形成了漂亮的球状，同时成分
和内部结构也发生了改变，被称为熔融型微陨石。当然也有不少幸运儿，基
本原汁原味地保留了它们从遥远太空出发时的信息，被称作未熔融型微陨石，
也是科学家们最为青睐的类型。

微陨石 大作为

和那些体格硕大的老大哥一样，微陨石也能够帮助我们认识太阳系的演
化历史，为研究地外物质类型、通量和源区性质等提供重要信息。除此之外，
它们甚至还有些老大哥们没有的"独门绝技"。比如它们类型丰富，能够协
助追踪陨石所不能涵盖到的源区信息；含有丰富的前太阳系颗粒，能够帮助

我们探寻太阳系的前世今生。甚至有科学家借助熔融型微陨石在穿越大气层时与大气反应所记录的信息，还原了 27 亿年前地球大气层上部的氧含量，深入揭示了人类赖以生存的地球大气层的形成和演化过程。所以，别看它们"微"不足道，却大有作为，不可替代。

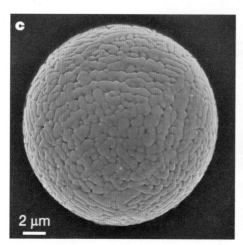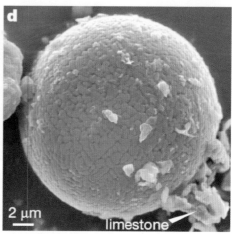

27 亿年古老灰岩中发现的富铁氧化物微陨石 | 图源：参考文献 2

找寻微陨石

既然微陨石有大用处，那么我们在哪里能够找到它们呢？科学家们研究发现，每年降落到地球表面的微陨石总量超过千吨，然而考虑到地球 5 亿平方千米的表面积，这点重量的微陨石犹如撒胡椒面。此时它的微小反而成了优势，因为这使得微陨石的降落概率变得相当亲民。据估算，在一平方米的地球表面，一年中就会有 1 粒微陨石降落。

亲民的微陨石无处不在，不论是在高山之巅、极地雪原、寂静深海、还是繁华都市，都有它们的踪迹。然而，要找到它们却又是另外一回事。地球上和微陨石粒度甚至形态类似的尘埃颗粒不管是天然的还是人造的，几乎都无处不在且数量繁多，而少量微陨石杂处其中，要寻找它们用大海捞针来形容也毫不为过。这时候，选择合适的搜寻地域就成了关键。答案也显而易见，那就是在地球来源尘埃尽可能少的地方寻找，把海底捞针变为湖底捞针、盆底捞针，甚至是碗底捞针。

南极横贯南极山脉（Transantarctic Mountains）微陨石采集点（图 A~C）及磁铁富集获得的微陨石（图 D，400~800 微米粒径）| 图源：参考文献 1

科学家们最中意的地方是地球两极。因为在极地远离人类尘埃污染，同时冰海雪原赋予了微陨石独特的富集机制。微陨石降落到雪中后，逐年堆积压实，密度变大形成富集微陨石的蓝冰。通过融化蓝冰，搜集固体残余物，便能获得丰富的微陨石。更为重要的是，冰川在缓慢流动的过程中，在一些特定地区受到阻挡，会不断上升消融，埋藏其中的微陨石会随着融水搬运，并在冰碛岩和基岩裂隙等处沉积富集。

3. 天外来客

大洋深处也是一个好去处。因为远离陆地，陆源沉积物输入少，沉积速率低，微陨石在其中可以大量富集。此外，科学家在干燥且沉积速率低的热带沙漠，甚至远古沉积岩中都找到过微陨石。

屋顶——身边的微陨石宝库

当然，上述那些地方对于普通人来说还是太过遥远。幸好，著名的挪威音乐人，同时也是业余科学家的乔恩·拉森（Jon Larsen）为我们发现了一个大众化的好去处，那就是——房顶。

由于大量的人造尘埃的存在，科学家们之前并不看好屋顶。拉森的主业是爵士乐，不羁的音乐人性格让他从不拘于成见。2010年，他在自家门廊的小桌上发现了第一粒微陨石，从此便一发不可收拾。不到十年时间，他已经获得了数万粒各类地外和地球尘埃颗粒样品，揭开了那些隐身于房顶的小巧美人的面纱。在科学家

Jon Larsen（上图右）在挪威城镇屋顶搜集土壤寻找微陨石｜图源：参考文献 3

的协助下，他还出版了一本精美的关于微陨石的著作，已由中国科学院国家天文台郑永春研究员翻译出版，中文译名是《在屋顶寻找宇宙尘埃》，乃是微陨石爱好者们的入门宝典。

○ 拉森的微陨石搜寻攻略

第一步 搜集

这也是最关键的一步：寻找一个铺设了防水材料的合适的宽阔房顶，尽

量远离工业和生活污染，以尽可能减小地球尘埃的混入，同时最好有较高边缘，以利于尘埃聚集。利用小铲子和塑料袋，在低洼的尘埃聚集处，搜集泥土样品。

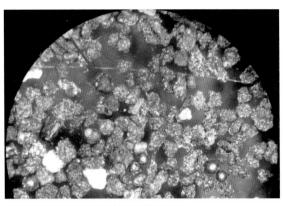

体视镜下的屋顶尘埃颗粒及疑似微陨石
| 图源：hackaday.com

第二步 洗涤

将样品倒入温水中，加入洗涤剂，搅拌后将上部浑水慢慢倒掉，如此反复，直到水不再浑浊，以去除泥质物。

第三步 挑选

由于微陨石粒大多小于300微米，因此为了减小挑选工作量，最好将残余固体烘干后过筛（50目），去除过大颗粒。此外，由于80%的微陨石具磁性，还需用塑料纸包裹的强磁铁将磁性颗粒富集，从而进一步减小工作量。接下来便是在显微镜下挑选了，也是最为考验耐心的时刻。

第四步 分析

最后，需要将挑选出的疑似颗粒进行显微图像和成分分析，来确定它们是否是微陨石。

在屋顶尘埃中搜集到的典型微陨石光学照片，采用聚焦堆叠技术拍摄合成 | 图源：参考文献 3

3. 天外来客

坚强的铬铁矿

然而，现代微陨石优点是离我们太近，缺点也是离我们太近，无法追寻远古。由于保存条件的限制，现代微陨石大多降落于一百万年内，与地球45亿年的年龄相比，一百万年不过瞬息。要想获得更早的微陨石信息，就需要求助于古老的沉积岩地层，因为微陨石的陨落发生于各个地质历史时期，而地层如磁带般将它们保存了下来。但遗憾的是，地层中发现的微陨石通常只是铁氧化物颗粒，绝大多数曾经的微陨石已风化蚀变，杳无踪迹。这使得我们想要知晓远古时期微陨石的类型和通量，以及发生在遥远太空中的故事变得举步维艰。

这时候，就轮到一种特殊的矿物——铬铁矿出场了。它属于等轴晶系，性质稳定，不惧怕极端的风化和沉积成岩环境，在常温下也不与强酸强碱反应。铬铁矿是平衡型球粒陨石中常见的副矿物，在其他类型陨石比如无球粒陨石和碳质球粒陨石中也有它们的踪迹。它们通常作为微陨石的组成矿物降落地表，进入沉积岩中，在之后漫长的风化和成岩过程里，微陨石中几乎所有的硅酸盐和金属成分都将消失，只剩下铬铁矿坚强地彰显着曾经的存在。

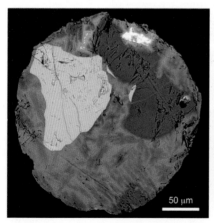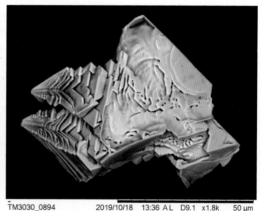

现代微陨石中铬铁矿（左图，灰白色）以及4亿年的奥陶系灰岩中提取到的地外来源铬铁矿（右图）| 图源：参考文献4（左）；作者（右）

与在合适的地方寻找现代微陨石一样，在合适的沉积岩中寻找这些来自微陨石的铬铁矿非常重要。科学家们想到了灰岩，因为其主要成分是碳酸钙，通过与酸反应，可以去掉大多无用部分而留下铬铁矿，犹如烧掉干草堆寻找遗落其中的绣花针那样。通过不懈努力，现在科学家们已经可以高效地将灰岩中的铬铁矿提取出来了。

不过最大的缺憾是，作为副矿物，微陨石中铬铁矿的含量实在是太少了。研究发现，大约 600 粒大于 100 微米的微陨石里，才能找到一粒可供进一步研究的铬铁矿（>32 微米）。幸运的是，某些地区的灰岩，特别是远洋灰岩极慢的沉积速率弥补了这一缺憾。采用 10 毫米每千年的沉积速率，根据已有资料进行的简单换算可以估算出，1 立方米灰岩中蕴含的微陨石数量，大约是 1 立方米蓝冰中含量的 4 000 倍，非常可观。

当然，劫后余生的铬铁矿还面临着和微陨石同样的问题，那就是地球物质的鱼龙混杂。远洋灰岩中仍然会有一定量的陆地来源物质输入，沙尘暴，火山爆发等事件能远距离搬运大量的地球来源物质，其中通常含有较多的铬铁矿。这时候，我们就需要感谢铬铁矿独特的化学成分了。由于形成环境极度还原，大多数地外来源铬铁矿具有相对较高的钒（V）含量，而绝大多数地球来源铬铁矿的钒含量是较低的。通过成分定量分析，结合形貌特征，便能很好地将地球来源和地外来源铬铁矿区分开来。此外，利用铬铁矿的元素组成和 Cr、O 同位

俄罗斯维纳河 tyna 奥陶纪灰岩（上）及其中铬铁矿（下），比例尺为 50 微米 | 图源：参考文献 5

素特征，还能够非常好地追踪其微陨石母体的成分。

　　通过古老灰岩中的铬铁矿，科学家们取得了丰硕成果。比如成功重建了5亿年以来球粒陨石来源铬铁矿输入地球的通量，限定了发生在4亿多年前的L群球粒陨石母体巨大撞击破碎事件发生的具体层位，研究了多个关键地质历史时期地球古生物和古气候演变与地外物质输入在时间上的关联等等，为我们认识远古的星空和地球打开了一扇窗。

　　微陨石小而平凡，却蕴含着精彩的故事。在第一眼看到时就容易让我们爱上它们，因为它们太不起眼却又漂亮得摄人心魄，也因为它们像极了我们：容易淹埋于尘土，但仍然可以闪耀与生俱来的光芒。

参考文献

[1] Taylor S, Messenger S, Folco L. Cosmic dust: finding a needle in a haystack[J]. Elements, 2016, 12(3): 171−176.

[2] Tomkins A G, Bowlt L, Genge M, et al. Ancient micrometeorites suggestive of an oxygen−rich Archaean upper atmosphere[J]. Nature, 2016, 533(7602): 235−238.

[3] Larsen J, Genge M, Kihle J B. Using Microscopy to Find Stardust Anywhere[J]. Microscopy and Microanalysis, 2018, 24(S1): 2354−2355.

[4] Schmitz B, Farley K A, Goderis S, et al. An extraterrestrial trigger for the mid−Ordovician ice age: Dust from the breakup of the L−chondrite parent body[J]. Science Advances, 2019, 5(9): eaax4184.

[5] Lindskog A, Schmitz B, Cronholm A, et al. A Russian record of a Middle Ordovician meteorite shower: extraterrestrial chromite at Lynna River, St. Petersburg region[J]. Meteoritics & Planetary Science, 2012, 47(8): 1274−1290.

 廖世勇　中国科学院紫金山天文台副研究员。研究方向：陨石学和天体化学。

3.5 化石陨石
—— 见证 4.6 亿年前的小行星裂解

近年来，陨石越来越火，很多人摩拳擦掌甚至自己探沙漠、闯戈壁去猎陨。不过令猎陨者最郁闷的事情就是：从概率上讲，他们找到的陨石中，三成以上都是 L 群普通球粒陨石。因为太多，所以平凡，也不值钱。如果要怪罪谁，那就请责备 4.6 亿年前发生在一颗直径达 150 千米的小行星身上的"交通事故"吧。这起"交通事故"在"化石陨石"中留下了证据。

冲击脉发育的目击 L6 型随州陨石 | 图源：紫金山天文台

发现第一枚化石陨石

1952 年的一天，瑞典乌普萨拉大学的地质和古生物学教授托尔斯隆德（Thorslund）收到了一块来自瑞典中部布伦弗卢（Brunflo）采石场的奇怪石板。此时并没有人知道它有何独特之处，又如何能与发生在遥远小行星带中，30 亿年以来有记录的太阳系最大规模小行星裂解事件联系起来。

托尔斯隆德教授面前，斯堪的纳维亚半岛（Scandinavian Pen.）常

首块被发现的化石陨石 Brunflo
| 图源：参考文献 1

见的奥陶纪（4.4~4.8 亿年前）石灰岩中，嵌着一块不到 10 厘米的深色岩石碎块，周围环绕着浑圆的浅色蚀变晕。经历了 4 亿多年的埋藏后，石块除了外部轮廓犹在，内部矿物和结构已面目全非。灰绿的颜色显示它被镁铁质次生矿物交代改造，原岩可能是一块镁铁元素含量很高的岩石。除此之外，并没有更多线索。

4 亿多年前，位于波罗地大陆南边瑞典的纬度跟现在的北京差不多，因此教授明白，它并非冰海沉积中常见的冰川消融坠石。不过他还是决定给出一个解释，即使略显尴尬：这块石头在岸边偶然被海藻裹挟，然后一路到了水深超过 100 米的碳酸盐沉积中安家。在地质历史中，波罗地大陆南侧陆缘海在奥陶纪以大陆架平缓，陆地来源物质输入极少而著称，并无重力流沉积。在此种情况下，要让这块 10 厘米大小的石块在海藻的协助下在海水中长途跋涉，的确有点为难，但似乎又别无他途。

此后，这个嵌着奇特石块的灰岩在托尔斯隆德教授的办公室一躺就是 27 年，直到他去世前的第二年，才被摆在了斯德哥尔摩大学的维克曼

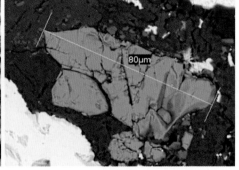

冲击脉发育的目击 L6 型随州陨石 | 图源：紫金山天文台

（Wickman）教授面前。此时他正致力于陨击坑研究，敏感的职业嗅觉让他意识到这个石块的非同凡响。他发现尽管大部分原始结构已然消失，局部却仍可依稀观察到球粒陨石所特有的球粒结构。同时原始矿物虽已难寻，但铬铁矿因为超强的抗风化能力，基本完好无损，可能还记录着这块石头的身世。

经过详细研究，维克曼教授和合作者发现，原来它是一块化石陨石。中奥陶世（4.6~4.7 亿年前）时它陨落在波罗地大陆边缘的海床上，碳酸盐软泥的覆盖和弱的水动力环境让其免遭风化解体。不过，陨石中原有的橄榄石、辉石和金属等矿物被碳酸盐、重晶石和伊利石等次生矿物替代。只有部分球粒结构得以保存，就像我们在硅化木中还能看到树木的木质结构和纹理一样。它的铬铁矿成分和现代 H 型球粒陨石中典型的铬铁矿类似，因此可能是一块 H 型球粒陨石。于是他们根据发现地将它命名为 Brunflo 陨石。

值得一提的是，真正意义上的化石陨石是指经历了风化埋藏和成岩改造的陨石，并不会含有任何生物化石。它在成分和来源上和现代普通球粒陨石没有本质区别，只是身世稍显复杂。

就这样，第一块化石陨石被人们载入史册。不过故事只是刚刚开了个头。

论业余爱好者的重要性

几年后的 1988 年，又有一块奥陶纪灰岩中的化石陨石在 Brunflo 陨石发现地 600 千米外的索斯伯格（Thorsberg）采石场被找到。这块 5 厘米见方的化石陨石显得很不起眼，似乎也很难与之前的化石陨石相联系。因为它在层位上比第一块要早几个百万年，而且硕果仅存的铬铁矿成分奇缺，难以提取有效信息。

索斯伯格采石场 | 图源：astrogeobiology.org

不过幸运的是它还是被著名的科学杂志《自然》报道，并且登上了当地新闻。同样幸运的是，它吸引了一位当地化石爱好者，同时也是业余地质学家的塔西纳里（Tassinari）。这位娶了瑞典太太的意大利男人并未接受过高等教育，饱受阅读障碍症折磨的他一生中从事过很多职业，唯一不变的是对自然的热爱。塔西纳里的家中堆满了他搜集的古生物化石，矿物晶体和花草标本，他从中寻找到了生命的乐趣。见到这个报道后，塔西纳里很快跟采石场的工人打了招呼，让他们把含外来石块的石材留下来，而不是像之前那样丢弃。而他自己也开始热衷于没事就在废石堆里搜寻，并很快有了收获。他甚至在 35 千米外也有了发现，在一块从卡车上偶然掉落的灰岩块中，塔里纳里发现了指甲盖大小的一枚陨石。

　　功夫不负有心人，在最初的四年里，他们总共搜集到 13 块化石陨石。它们分散在厚度不到 4 米的灰岩地层中，数量看似有限，但是从另一种角度来看却是异乎寻常的密集。要知道，在此之前其他各个地质历史时期的灰岩中，甚至都从未发现过化石陨石。

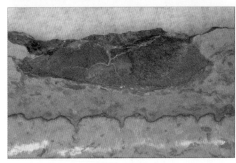

托尔斯隆德采石场中纵向切割发现的化石陨石 | 图源：参考文献 3（左）；作者实地拍摄（右）

脚下的石头里竟也藏着星空的秘密

如此数量的化石陨石很快引起了另一位科学家施米茨·比格尔（Schmitz Birger）的注意。此时他正任职于哥德堡大学，长期关注地外来源物质对地球生命环境的影响，特别是关键地层界面中的地球化学异常。

平行岩层的含化石陨石的粗糙（左）和抛光（右）岩板 | 图源：作者

他通过研究有了重要发现：

1. 这些陨石扎堆于此并非由某种特殊富集机制，比如冰盖流动导致，也不是某一次或几次大的陨石坠落事件造成，而是形成于一个陨石通量非常高的异常时期，其陨石降落频率比现代要高上一到两个数量级；

2. 该层位中即便远离化石陨石的灰岩中也具有异常低的 $^{187}Os/^{188}Os$ 比值和高的铱（Ir）元素丰度，显示其中存在大量微小地外尘埃；

3. 它们与大量化石陨石一起，表明中奥陶世存在一个持续至少数百万年的大量地外物质降落地球的奇特时间窗口；

4. 在已有的陨石冲击事件年龄中，L 群陨石族中存在 4.5~4.8 亿年的明显峰值，与富集化石陨石灰岩处于同一时段；对地球冲击坑年龄的统计结果也显示 4.5~4.8 亿年同样存在一个明显的峰值。

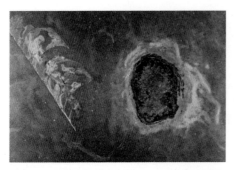
与头足类化石为伴的化石陨石，其中球粒结构仍然可见 | 图源：参考文献 3

这些发现给了他充足的信心，于是比格尔教授提出了一个假设：这些地层中异常富集的化石陨石和尘埃，来自 L 群陨石母体的破碎事件。这个假设是大胆的，要知道，此时人们已对 L 群陨石母体破碎事件有了大量研究，提出了各种猜测，但谁也未曾想到在探寻这些星空中的秘密时，去叩问一下脚下的石头。

逐渐接近真相

当然，仅仅提出工作模型还远远不够。接下来比格尔教授和诸多合作者开展了一系列深入工作。比如：

1. 通过球粒结构统计，以及铬铁矿粒度、成分和 O、Cr 同位素分析等，证实这些化石陨石绝大多数都是 L 群陨石。

2. 发现这些化石陨石层位越高，也就是降落越晚，其宇宙射线暴露年龄越老；化石陨石层位和宇宙射线暴露年龄的相关性也意味着，它们应来自同一次裂解事件。

3. 通过微陨石研究，证实富集化石陨石地层中的微陨石通量比背景值突增 2~3 个数量级，同时在平衡型普通球粒微陨石中，L 群占比超过 99%。

4. 此外，还通过包括瑞典、俄罗斯和中国等在内的全球性采样，发现同一时期地层中都存在 L 群微陨石突增，不一而足。

十余年锲而不舍的工作后，越来越多证据验证了他的大胆猜想，并勾画出了远古时期发生于太空深处的壮丽场景：距今约 4.6 亿年前，在一次发生于小行星带的巨大撞击事件中，L 群陨石母体分崩离析。在雅尔可夫斯基效应（Yarkovsky effect）、坡印廷 - 罗伯逊效应（Poynting‐Robertson effect）的作用下，同时由于土星和木星轨道共振，大量破碎物质在短时间（数

紫微
星语

海平面   陨石通量

Taeljsten浅海沉积

L群球粒陨石母体裂解

>99%粗粒陨石物质

无球粒陨石富集

地层记录中 L 群陨石母体裂解事件的位置（红色线条）| 图源：参考文献 8

十万年到几个百万年）内到达地球，地表陨石撞击迅速增加，尘埃弥漫，在全球古气候和古环境中打下深刻烙印，其后续影响甚至持续至今。

比格尔教授并未止步于此。他和合作者还对撞击事件发生的精确时间、物质从小行星带到地球的迁移机制、小行星带碰撞事件与地球地外物质通量响应，以及对地球的气候、环境和生命演化的影响等方面开展了非常深入的工作。

当然，这些故事已经不再是仅仅依靠化石陨石能够讲述的了。这里有必要提及，基于化石陨石的研究，比格尔教授还发展出了一套从碳酸盐地层中提取地外来源微小尖晶石族矿物的实验流程和研究方法，为我们研究远古地球的地外物质通量和小行星带动力学演化提供了全新的手段。

待解之谜

关于 L 群球粒陨石母体破碎事件，还有诸多问题需要我们回答。比如撞

我国宜昌普溪河剖面也发现了明显的中奥陶世 L 群球粒陨石质物质突增｜图源：作者

击体到底是什么性质，是发生于双星之间还是别有它物？撞击导致的地外物质通量突增到底持续了多长时间，具有怎样的衰减规律？化石陨石到底是仅存在于瑞典中南部的中奥陶统地层，还是在全球广布？等等。

道阻且长，但沉睡在层层叠叠的古老岩石中的小小化石陨石已为我们见证那些发生在太空深处的远古故事打开了一扇别样的窗口。而跋涉于鸟迹罕至的戈壁和沙漠中的猎陨者们，有没有兴趣到广布于我国的奥陶纪灰岩中试一试？

参考文献

[1] Thorslund P, Wickman F E, Nyström J O. The Ordovician chondrite from Brunflo, central Sweden, I. General description and primary minerals[J]. Lithos, 1984, 17: 87−100.

[2] Alwmark C, Schmitz B. The origin of the Brunflo fossil meteorite and

extraterrestrial chromite in mid - Ordovician limestone from the Gärde quarry (Jämtland, central Sweden)[J]. Meteoritics & Planetary Science, 2009, 44(1): 95-106.

[3] Schmitz B. Extraterrestrial spinels and the astronomical perspective on Earth's geological record and evolution of life[J]. Geochemistry, 2013, 73(2): 117-145.

[4] Heck P R, Ushikubo T, Schmitz B, et al. A single asteroidal source for extraterrestrial Ordovician chromite grains from Sweden and China: High-precision oxygen three - isotope SIMS analysis[J]. Geochimica et Cosmochimica Acta, 2010, 74(2): 497-509.

[5] Schmitz B, Peucker - Ehrenbrink B, Lindström M, et al. Accretion rates of meteorites and cosmic dust in the Early Ordovician[J]. Science, 1997, 278(5335): 88-90.

[6] Schmitz B, Haggstrom T, Tassinari M. Sediment - dispersed extraterrestrial chromite traces a major asteroid disruption event[J]. Science, 2003, 300(5621): 961-964.

[7] Schmitz B. Extraterrestrial spinels and the astronomical perspective on Earth's geological record and evolution of life[J]. Geochemistry, 2013, 73(2): 117-145.

[8] Schmitz B, Farley K A, Goderis S, et al. An extraterrestrial trigger for the mid - Ordovician ice age: Dust from the breakup of the L - chondrite parent body[J]. Science Advances, 2019, 5(9): eaax4184.

[9] Thorslund P, Wickman F E. Middle Ordovician chondrite in fossiliferous limestone from Brunflo, central Sweden[J]. Nature, 1981, 289(5795): 285-286.

廖世勇 中国科学院紫金山天文台副研究员。研究方向：陨石学和天体化学。

4

历法与天象

CALENDAR &
CELETSTIAL EVENTS

历法的建立与人类关于天象的知识密不可分。日出日落、月圆月缺，古人从天体的运行规律中很早就建立了实用可行的历法制度，并不断完善，指导着人类的生产和生活。

4.1 二十四节气中的"二分二至"

中国的农历与节气

"钦若昊天，历象日月星辰，敬授人时"，出于对天体运行自然之道的尊重、对制定密合天行的历法以服务国民的需要和重视，中国古代创造了辉煌灿烂的天文学成就，并在世界天文学史中独树一帜。

中国的传统历法，自殷商以来就是兼顾太阳运动和月亮运动、以回归年和朔望月为基础的阴阳合历。因为回归年和朔望月周期都不是日的整数，相互之间也不通约，所以在制定日期编排规则时，需要解决两个问题：一是月包含的整日数应平均等于朔望月，二是年包含的整日数应平均等于回归年。历史上传统历法的编排规则经历了数次重大改革，岁实（即回归年的长度）和朔策（即朔望月的长度）这两个制定历法和决定历法是否准确的重要参数也经过了不断改进。南北朝时的大明历的岁实（365.242 8 天）已经相当精确，而宋朝统天历的岁实（365.242 5 天）已经和现今公历的回归年一样，但比公历的行使时间早了三百多年。

1949 年以来，传统历法（于 1968 年改称为农历）和公历并行使用，中国科学院紫金山天文台负责国家历法编算工作。在国家标准委和中国科学院的大力支持下，紫金山天文台承担起草的国家标准《农历的编算和颁行》于 2017 年发布和实施。这一标准为包括节气在内的农历编算提供了科学的规范依据，对确保公开发行的农历日历的准确性、有效维护国家历法应有的严肃性和统一性有重要意义。

在西汉太初时期颁布的《太初历》中，二十四节气首次被正式订入历法，其名称顺序和现在完全一致。作为我国传统历法的独创和重要组成部分，二十四节气直接决定了历法中月份的名称和顺序以及闰月的设置，而且因其反映了季节变化、农时物候，在指导和安排农业生产生活方面也起着重要作用，在我国可以说是家喻户晓，并为海外华人广泛使用。两千多年来，中国传统历法对二十四节气的计算从未间断过。新中国成立以后，紫金山天文台每年承担编算的专业天文历书和民用日历资料中也都载有二十四节气。2016 年 11 月 30 日，二十四节气成为中国第 39 个世界级非物质文化遗产。

今天，节气时间的计算包括两个重要部分：建立太阳位置随时间变化的计算模型，以及根据太阳位置函数反求时间引数的数值方法。其中太阳位置计算模型涉及基本天文学的重要研究工作，包括太阳系基本历表的研制、时间系统的定义和转换、参考系的定义和转换、天文常数系统的建立等。可以说，节气的计算模型和精度能够反映基本天文学的发展成就。

"二分二至"，即春分、秋分和冬至、夏至，是二十四节气中具有明显天文学观测特征的四个最重要的节气。据《尚书·尧典》记载：

> 日中，星鸟，以殷仲春。
> 日永，星火，以正仲夏。
> 宵中，星虚，以殷仲秋。
> 日短，星昴，以正仲冬。

一般认为，这里的"仲春""仲夏""仲秋""仲冬"这四仲即"二分二至"：春分、夏至、秋分、冬至，是我国古代最早确定的节气。"日永"和"日短"分别表示一年中最长和最短的一天。"日中""宵中"均表示昼夜等长。鸟、火、虚、昴分别是春分、夏至、秋分、冬至这四个日期的黄昏时分位于正南方天空中四颗（组）醒目的恒星。

古人很重视历法，很早就掌握了二分二至这四个重要的节气。早在商周时期，中国古人就已通过土圭测影发现春夏秋冬四季变化与太阳正午时的日影长短变化之间的关系，并由此最早确定了二十四节气中的春分、夏至、秋分和冬至。据史书记载，早在周朝，帝王就有春分祭日、夏至祭地、秋分祭月、冬至祭天的习俗。

紫金山天文台建台初期，四座主要观测建筑分别选择在二分二至日奠基。

4. 历法与天象

紫金山天文台子午仪室奠基于 1932 年夏至
| 图源：紫金山天文台

紫金山天文台赤道仪室奠基于 1933 年秋分
| 图源：紫金山天文台

紫金山天文台大台奠基于 1933 年冬至（张钰
哲于 1984 年重书原碑文）
| 图源：紫金山天文台

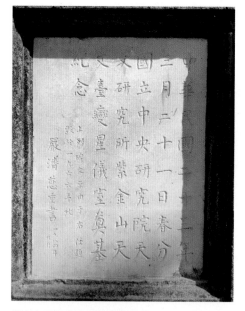

紫金山天文台变星仪室奠基于 1934 年春分（严
济慈于 1984 年重书原碑文）
| 图源：紫金山天文台

冬至

作为最早确定的二十四节气之一，冬至不仅是非常重要的中国传统节日，而且是中国传统历法的重要基准点，见证了中国古代特色天文学体系的发展和辉煌。

"阴极之至，阳气始生，日南至，日短之至，日影长至，故曰冬至。"清代钦天监官员陈希龄所著《恪遵宪度》中对冬至的特征作了全面概括。

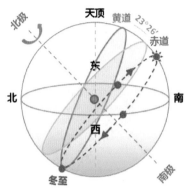

冬至日太阳周日视运动示意图
| 图源：紫金山天文台

由于地球公转轨道面和自转轨道面之间交角的存在，一年中太阳光直射地球的落点在北回归线和南回归线构成的界限内周期往复，形成寒来暑往、四季更迭的现象。从地球上看，太阳是在黄道上运行，冬至时运行到视黄经 270° 处，为距离天赤道最远的南端。

冬至正午时紫金山天文台明代圭表日影
| 图源：紫金山天文台，陈向阳

对北半球各地来说，冬至这一天太阳的周日运行轨迹为一年中最低，故而正午时圭表测影所得的日影最长；在地平以上的部分为一年中最短，故而白昼最短，夜晚最长。冬至后，太阳开始北移，北半球白昼渐长，正午太阳高度渐高，日影渐短。

冬至是我国传统文化中非常重要的祭祀节日，有着"冬至大如年"的说法。冬至还是寒冬来临的标志，我国民间素有冬至数九的习俗，即从冬至日算起，每 9 天为一个"九"，九九结束则在惊蛰和春分之间，已是春回大地。

在传统历法中，"岁"是指两个冬至

之间的时间间隔，等于现代天文术语的回归年，约 365.242 2 天。岁的长度在古代叫作岁实，它是古人根据冬至日影最长的特点，通过圭表测影的方法测量得到的。时至今日，冬至在传统历法编算中依然具有举足轻重的地位，在国家标准《农历的编算和颁行》中提到"包含节气冬至在内的农历月为农历十一月"。由此可见，冬至起着保证平均年长接近回归年并且月份顺序与寒暑四季相符的关键作用。

春分

在二十四节气中，春季自立春起至立夏止，春分是整个春季的中点，平分春色。春分在天文学上定义为太阳位于地心视黄经 0° 的时刻。春分点是现代天文学上标记和度量天体位置和运动的两个重要坐标系——天球黄道坐标系和赤道坐标系的计量零点，在天文学上有重要意义。

冬至后，太阳沿黄道自南向北移动，经过对赤道的升交点——春分点（北为上，南为下）时即为春分。此时太阳直射赤道，南北两半球获得等量的光和热，太阳从正东升起，在正西落下，地球上各地昼夜等长。

天文历法中的回归年即指太阳中心从春分点再

春分正午时紫金山天文台明代圭表日影
| 图源：紫金山天文台

冬至/西南　　　春分/正西　　　夏至/西北

南京春分太阳在正西方落下 | 图源：紫金山天文台

春分日竖蛋 | 图源：紫金山天文台

到春分点所经历的时间。对于太阳的周年视运动，到达春分点代表太阳在黄道上回归到起点，开启新一轮的周而复始。

西方同样有二分二至以及与其他几个节气相对应的概念。春分的英语"vernal equinox"源自拉丁语，由"equus"（平分之意）和"nox"（暗夜之意）组合而成，表示昼夜均分。在西方传统中，春分被视为春天的开始。相较于中国传统文化中将春分视为春季的中分点，真有点"人间四月芳菲尽，山寺桃花始盛开"的错落意味。

春分在各种历法中，都具有重要的地位。古巴比伦历法更是以春分为岁首。伊朗、阿富汗以及一些中亚国家至今通行的波斯历也是以春分为岁首，而第四、第七、第十个月的第一天分别是夏至、秋分和冬至，方便了四季的定义和区分。

而今，世界各地仍旧保留着春分竖蛋的习俗，人们仿佛以此与先民对话：一切都在传承中生生不息，如同太阳的周而复始。

夏至

当太阳沿着黄道运行到距离赤道最远的北端，阳光直射北回归线时，北半球白昼最长，正午的太阳最高，垂直物体的影子最短，这天就被叫作夏至。大多数年份的夏至都在 6 月 21 日，但也有可能在 6 月 22 日或 6 月 20 日。

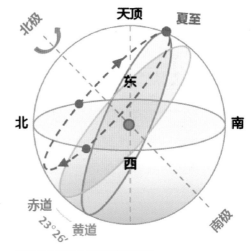

夏至日太阳周日视运动示意图
| 图源：紫金山天文台

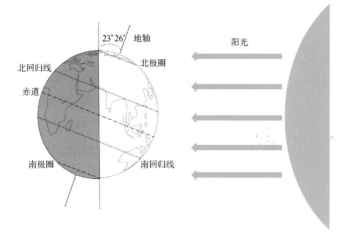

夏至日太阳直射北回归线 | 图源：紫金山天文台

过了夏至这天，太阳就会转身南下，因此被北回归线穿过的地区又被称为"太阳转身的地方"，如我国的汕头、从化、桂平、墨江、蒙自等地。夏至正午，这些地区还会出现"立竿无影"的有趣现象，因为太阳光是从天顶直射下来的。夏至傍晚，北半球的居民也将目睹一年中持续时间最长的暮色黄昏。

夏至白天最长，但夏至这天的日出并不是最早，日落也不是最晚。以2019年北京的日出、日没时间为例，日出最早在6月12至18日，为4时45分；日落最晚在6月22日至7月初，为19时47分。确实夏至日太阳的出没时间，按照民用时间来说，既不是最早也不是最晚，其中缘故其实与我们采用的时间系统有关。

日出而作，日落而息。人类选择根据太阳的周日运动来安排生活生产。以真实的太阳运动为依据确定的时间叫作真太阳时。在真太阳时系统中，夏至这天必定是日出最早且日落最晚，但由于真太阳时的不均匀性，我们日常所用是以假想的太阳平均运动为依据得到的平太阳时。

真太阳时与平太阳时的差值叫作时差，

夏至正午时紫金山天文台明代圭表日影
| 图源：紫金山天文台，陈向阳

一年中时差的变化如图所示，可以看到 6 月份的时差值逐渐减小。不难得到，夏至与它之前日期的平太阳时的日出时间比较，因为减去了更小的时差，结果变大了，所以不是日出最早；而相反的，夏至与它之后日期的平太阳时的日没时间比较，因为减去了更大的时差，结果变小了，所以不是日没最晚。

当然，这是对地球上绝大部分地区而言。我们知道越往北白昼越长，而等你进入北极圈（距离北极点 23°26′ 的范围）后会出现日不落的现象，夏至日是唯一一天北极圈全域都日不落的，没有日落也就没有所谓早晚了。

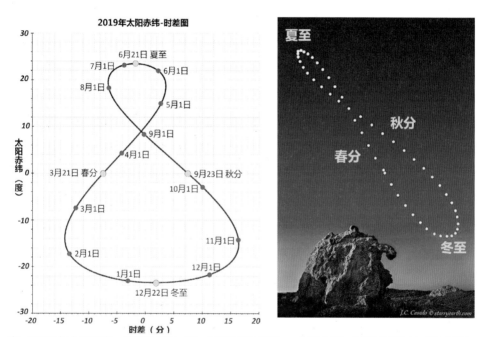

左：2019 年太阳赤纬－时差变化图；右：太阳全年轨迹图，一年里每隔一周在固定地点、固定时间、以固定角度拍摄太阳后合成 | 图源：紫金山天文台（左）；National Geographic（右）

秋分

"寒暑平和昼夜均，阴阳相半在秋分"，秋分也是二十四节气中最早被确定的节气之一。秋分在天文上定义为太阳的地心视黄经等于 180° 的时刻。

　　　　　　　　　　4. 历法与天象

"分者半也，九十日之半，谓之分。"此句对秋分的解释出自《恪遵宪度》中的《二十四节气解》篇。秋季自立秋起至立冬止，包含了立秋、处暑、白露、秋分、寒露、霜降这六个节气，秋分正位于秋季的中间。当然因为太阳周年运动是不均匀的，在夏季7月时最慢而冬季1月时最快，所以实际上各季节的长度并不相等，秋季长度约为91.9天而并非90天，秋分也会稍"偏分"一些，距离秋季开始和结束各约46.5天和45.4天。

　　二十四节气在公历中的日期相对固定，因为节气和公历都代表了太阳的周年回归运动。21世纪秋分都发生在9月23日或22日（北京时间）。那么秋分在农历中的日期大概是多少呢？

　　我国传统历法是阴阳合历，基本原则是以朔望月定月长，将二十四节气中的十二个中气分配到各月来定月名，并将无中气之月设置为闰月。同时将各月分配到春夏秋冬四季，每季三个月，如果有闰月，包含该月的季节则是

秋分正午时紫金山天文台明代圭表日影 | 图源：紫金山天文台

四个月。如此巧妙安排使得农历平均年长接近回归年长度，并且各月气候与节气所代表的天文季节也能大致相符。

严格说来，二十四节气应该称为"二十四气"，包含交替排列的十二个节气和十二个中气。秋分就是配于八月的中气，在农历中的日期基本在八月。因农历年长和公历年长相差约十一天或十九天的缘故，秋分的农历日期每年也会相应变动。但因为十九个农历年长度与十九个回归年长度基本相等，所以秋分在农历中的日期变化大致有十九年的循环规律，例如 2019 年和 2038 年秋分的农历日期都是八月廿五，2020 年和 2039 年秋分的农历日期都是八月初六。偶尔也有例外，如 2033 年的秋分就落在农历九月初一。

秋分时，太阳沿黄道自北向南移动经过与赤道的降交点（北为上，南为下），此时太阳直射赤道，地球上各地白昼和黑夜等长，早在《礼记·月令》中就对秋分的"分"作了昼夜平分的解释。北半球各地从夏至那天开始白昼渐短，黑夜渐长，从秋分开始白昼才比黑夜短。秋分以后，随着太阳逐渐南移，天气也渐冷。而南半球则刚好相反。

一个回归年中日出日没的方位呈现周期性变化：北纬地区夏至的日出方位在东最偏北，冬至的在东最偏南，秋分（春分）则在两者之间，太阳从正东方升起，在正西方落下。古人很早就认识到日出日没方位的变化和季节有关，因此反过来根据日出日没方位确定季节。中外古天文学萌芽时期都经历过这一阶段，例如：公元前三千多年的大汶口文化遗址发掘出的陶尊上绘有太阳从五峰山上升起的图像。实地考察表明，该图像表现的很可能是秋分（或春分）时太阳从正东方升起的景象。

西方考古学家在对玛雅文化遗址的考察中，发现了祭司们进行祭祀和天文

大汶口 | 图源：营州博物馆

巨石阵 | 图源：Peter Trimming

观测的金字塔，它的周围环绕着若干庙宇。站在金字塔向东方的庙宇望去，就是秋分（春分）日出的方向，向东北方、东南方庙宇望去，则分别是夏至和冬至日出的方向。此外，英国的巨石阵遗迹、美国古印第安人建造的魔轮遗迹中都发现了一些有天文意义的指向线，经考证这些指向线都指向特定重要节气的日出日没方位。

作者简介
成灼 中国科学院紫金山天文台副研究员。研究方向：历书编算。负责《中国天文年历》《航海天文历》和民用日历等的编算。
张旸 中国科学院紫金山天文台副研究员。

4.2 天安门广场升降国旗背后的天文学

引子：一秒都不能等

电影《我和我的祖国》的"回归"中有一个细节：为了精准掌握交接升国旗的每一秒，确保中华人民共和国国旗 1997 年 7 月 1 日 0 时 0 分 0 秒准时升起，安文彬特地在交接仪式之前买了一块新手表，并且提前与伦敦格林尼治天文台和位于南京的紫金山天文台分别校准时间，确保时间分毫不差。这里提到的两个天文台都曾以发布准确的时间作为主要任务之一。

时间服务：天文台曾经的重要任务

英国伦敦的格林尼治天文台始建于 1675 年，后被确定为"世界时区"的起点（本初子午线从该天文台穿过），是当时世界上测时手段最先进的天文台之一，1924 年 2 月 5 日开始每小时播放格林尼治时间讯号，各国都以此来校准时间。不过，从 20 世纪 50 年代起，为英国决定时间标准的任务已经转交给了英国国家物理实验室（National Physical Laboratory，NPL）。

中国南京的紫金山天文台始建于 1928 年，由当时国民政府在南京成立的中央研究院天文研究所负责建设，并于 1934 年落成启用。据记载，1929 年，天文研究所即在南京鼓楼设立电子授时所，并于东经 120° 标准时每日正午时刻进行放音报时，后交由民众教育馆接办，但在放音前数分钟仍先与天文研究所对钟一次。新中国成立之初，授时工作转移到由中国科学院紫金山天文台接管的上海徐家汇观象台，后逐步转由 1962 年成立的上海天文台负责。从 1981 年开始，我国标准时间的建立、保持和授时发播工作正式转移至中国科学院国家授时中心（原中国科学院陕西天文台）。

电影中提到的这两个天文台在承担时间服务任务时都曾用一种特殊的望远镜——中星仪（本初子午线即从格林尼治天文台的埃里中星仪下穿过）。这种望远镜结构特殊，只能在经过天顶的子午线上沿着正南正北转动。如此设计使得恒星在每日随地球自转的东升西落过程中只有经过子午线（即上中天）时才能被观测到。天文学家在观测基础上，利用恒星上中天时刻其已知赤经在数值上等于该瞬间恒星时的原理得到恒星时，再通过转换关系得到世界时。

今天全球都使用原子时作为时间计量基准。原子时由原子钟提供，不仅精确，而且可以迅速得到，如国家授时中心铯原子喷泉钟 NTFC-F1 的准确度可达 3 000 万年偏差不超过 1 秒，远远超过了地球自转的均匀程度。

历书天文学和天文历书

中国科学院紫金山天文台长期致力于历书天文学的研究，是我国天文历书编算的权威机构，每年为国家和公众提供广泛的历书应用和服务。

历书天文学是建立在天体测量和天体力学基础之上的、有着广泛应用价值的基本天文学分支学科。其基本的学科目标是：针对具体的天体和参考系，以尽可能高的精度给出天体的位置预报，以及决定于天体相对位置的各种天象（如日月出没、交食互掩等）预报。天文历书就是专门刊登天体位置预报和天象预报内容的载体。

紫金山天文台自新中国成立以来每年编算出版天文年历（其中包含太阳出没时刻表）。经过几代历算科研人员不懈的努力，实现了从依赖外国"洋历"到独立自主编算的历史性突破，并不断改进更新计算模型和计算设备以保障计算精度和服务质量，很好地满足了日益发展的国防和国民经济建设需求。

七十载斗转星移，我国历书编算的历史变迁也见证了国家从一穷二白到繁荣昌盛的巨大发展。

国旗升降时刻：怎么算的？

作为天安门广场最庄严的仪式之一，国旗升降时刻与太阳出没同步寄托着国人对国家繁荣昌盛的美好祝愿，是国旗升降仪式之神圣性的重要体现。因此日出、日没时刻的准确预报为彰显国旗升降仪式的庄严性提供了重要基础。

太阳出没时刻随日期和地点而变化。对于同一地点，不同日期太阳的出没时刻不相同；对于同一日期，不同地点的太阳出没时刻也不一样。为规范国旗升降时刻与太阳升落同步，紫金山天文台受委托编算天安门广场升降旗时刻表。

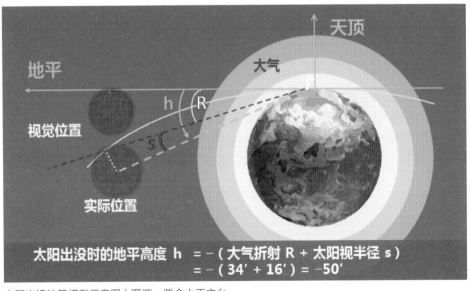

太阳出没计算模型示意图 | 图源：紫金山天文台

日出日没：不能忽视的 50′

太阳随地球自转做自东向西的周日视运动，每天从地平线上升起为出，地平线上落下为没。因为太阳看起来是有一定大小的圆面（直径约为

32′），所以日出日没时刻在天文上定义为太阳圆面的上边缘和地平线相切的时刻。

另外，太阳光线通过地球大气层时会产生弯曲，受此影响，我们看到的太阳位置比实际位置要高，两者方向之差叫作大气折射。国际通用的日出日没计算标准模型取太阳视圆面半径值为 16′，地平处的大气折射值为 34′。因此，当我们看到太阳上边缘与地平相切时，太阳中心实际在地平下面 50′ 的位置。太阳的位置每时每刻都在变化，于是日出日没时刻计算问题便转化为如何求解太阳地平高度正好等于 −50′ 的时刻。

紫金山天文台建立有太阳位置随时间和地点变化的高精度计算模型。该模型依据国际天文学联合会（IAU）等关于基本天文学的最新决议和规范，涉及太阳系基本历表、时间系统的定义和转换模型、参考系的定义和转换模型、天文常数系统等。由此模型我们可以计算任意时间天安门广场的太阳地平高度，然后以太阳地平高度等于 −50′ 为判据，采用根据已知函数反求时间引数的数值方法计算得到天安门广场每天的日出和日没时刻。天安门广场国旗班的旗手们每天就是按照这个时刻升降国旗的。

为庄严的天安门广场国旗升降仪式提供准确的日出日没时刻，是中国科学院紫金山天文台的责任和荣誉。在五星红旗冉冉升起，一轮红日从地平喷薄而出时，祝愿我们的国家与日同辉，繁荣昌盛！

 成灼　中国科学院紫金山天文台副研究员。研究方向：历书编算。负责《中国天文年历》《航海天文历》和民用日历等的编算。

4.3 叙十四月圆

根据紫金山天文台历算团组提供的数据，一轮满月出现在 2020 年 8 月 3 日 23 时 59 分（农历六月十四）——满月发生在农历十四！上一次这种情况出现是在 2009 年 4 月 9 日 22 时 56 分（农历三月十四），而再一次要等到 2037 年 6 月 27 日 23 时 20 分（农历五月十四）。

那么，月儿到底会在何时圆呢？

月球是距离地球最近的天体，所以也是夜空中最明亮显眼的天体。它的一举一动、一亏一盈，从地球上最易观察。在许多国家或民族的历法中，月球都扮演着重要的角色。在我国的传统历法——农历中，"月份"即依据月相而制定。月相，就是从地球上看，月球在不同日期呈现的不同相貌：有时是西边低空细窄的月牙，伴随着日光的落幕而显现，恰逢人约黄昏后；有时是一盘满月当空高挂，整夜银光四射，正好对影成三人；有时又是黎明前闪耀在东边低空中的弯弯"娥眉"，晨起动征铎的孤独旅人，便可以视它为旅伴。

月相变化周期的起点是一个具体时刻，叫作"朔"。这时月球和太阳的地心视黄经相等，从地球上看，它们的位置几乎重合（实际上，此时看不到月球，它被完全淹没在太阳的光芒里）。从一个朔到下一个朔之间的间隔就是农历的一个月。大约在这一个月的中间，会出现一次满月。满月也对应一个具体的时刻，称为"望"。由于包含了"朔"和"望"这两个重要节点，因此农历的月被称为"朔望月"，一个"朔望月"平均 29.53 天。（注：天文学中，还有"恒星月""交点月"等各种"月"，天数都不一样。）

各种月相中，"望"最受关注。因为望对应着月圆，往往被视作寄情寄思之日，体现于中国许多重要的农历节日，如：元宵节、中秋节等。然而，满月并不一定刚好出现在农历十五，更多的是出现于十六，因此有"十五的

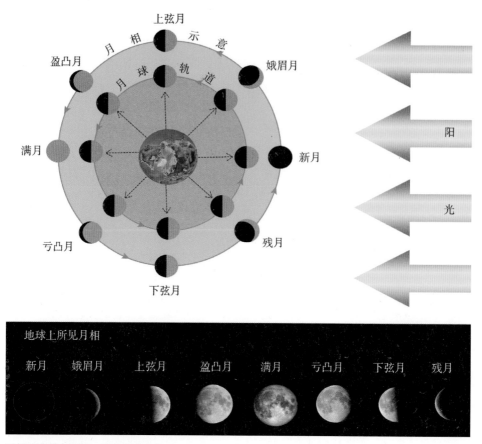

月相示意图 | 图源：紫金山天文台

月亮十六圆"这一说法。少数时候也会出现于农历十七，偶尔亦会出现于农历十四。其中缘由，要从农历历法的规定，以及日、地、月三者的相对运动说起。

为了尽可能符合一个朔望月 29.53 天的长度，农历月份分大月和小月，大月定为 30 天，小月定为 29 天，平均下来一个月的天数就跟朔望月的 29.53 天比较接近了。农历一年可以有 12 个月，也可以有 13 个月，多出一个闰月。

初一这天非常重要，也就是农历月的首日。现行历法规定：朔所在当日，即为朔日，也便是当月初一。根据朔望月平均 29.53 天，一月之中从朔到望平均则为 14.77 天。假设农历某个新月份开始，当天便是"朔日"（初一），那么这一天里定有某一个时刻是"朔"。我们再进一步做个假设："朔"刚刚好发生在朔日最开始，即：0 时 0 分 0 秒。那么，在这些假设之下，不难理解：距离这次"朔"14.77 天的那一刻，即"望"，落在当月第 15 天，也就是农历十五这天。这个月，满月也就发生在十五。

朔望月平均长度：29.53天；朔望间隔平均长度：14.77天

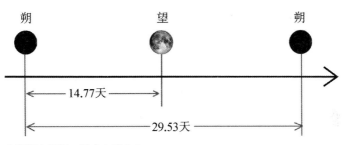

朔望月｜图源：紫金山天文台

因此，可以得出这样的结论：对于平均情况而言，若农历某月，"朔"发生在朔日的日首，那么这个月的满月就发生在农历十五，也就是十五月儿圆。

但上面这个结论的成立依赖于两个前提条件：一是"朔"发生在朔日的日首，二是朔望之间的天数取平均值 14.77 天。但实际情形往往有所出入：首先，朔未必刚好发生在朔日的日首，也可能发生在中午或日末。以朔发生在中午为例，这个时刻距离朔日的日首是 0.5 天，若暂且取朔望间隔 14.77 天，那么"望"则发生在距离朔日日首 15.27 天的时刻（14.77+0.5）。这个时刻恰恰落在农历十六这一天，也就是十六月儿圆。

就平均情形而言，由于朔望间隔为 14.77 天，因此只要朔发生的时刻距离朔日日首超过 0.23 天，当月的望就会跟朔日日首相距 15 天以上，出现在农历十六这一天，即"十五的月亮十六圆"。因此，十六月圆的情形是比较常见的。

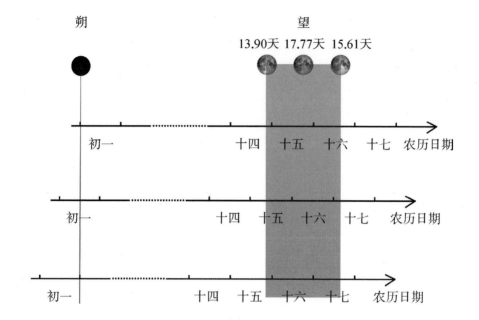

"望"在哪一天取决于初一"朔"的时刻和朔望时间间隔
| 图源：紫金山天文台

但另一方面，朔望之间的间隔也是个变数，最短约 13.90 天，最长约 15.61 天。这就导致了，满月之日也可能发生在农历的十七，甚至十四。

如果某农历月里，朔望间隔比较长，比如 15.10 天。同时若这个月的朔发生在朔日接近日末的时刻，比如 0.95 天的时刻。那么，这个月的"望"与朔日日首的间隔就是 15.10 天 +0.95 天，即 16.05 天。这意味着，满月落在当月的十七，也就是十七月儿圆。

反之，某月朔望间隔较短，比如只有 13.95 天。同时该月的朔很靠近朔日日首，假设相距仅 0.01 天。那么，这个月里的"望"和朔日日首的间隔，就是 13.95 天 +0.01 天，即 13.96 天。刚刚好，满月落在农历十四这一天，从而出现"十五的月亮十四圆"这一较为罕见的情况。

最后，简单讲讲为什么朔望间隔会变化。农历朔望月的长度，是月球从某一次朔运动到下一次朔的时间间隔。"朔"这个月相在何时发生，取决于日、地、月的位置。也就是说，不但与月球绕地球的运动有关，跟地球绕太

146

阳的运动也有关。假如地球和月球的轨道运动都是圆周运动，它们各自规律地匀速运动，那么每个朔望月的长度应该是固定的。但实际上，月球绕地球的运动轨道不是正圆，而是椭圆（实际比椭圆更复杂，这里近似为椭圆），其在椭圆轨道上的运行时快时慢，在近地点附近走得快，在远地点附近走得慢。同样，地球绕太阳的运动轨道也是椭圆（也取近似），地球在绕日轨道的运动，也是时快时慢，在近日点附近快些，在远日点附近慢些。

正因为地、月都在椭圆轨道上"时快时慢"地运动，导致每个朔望月的长度不固定，而是在一定范围内变动。同样原因，从朔到望的间隔，也取决于地、月在某段时间里"步伐"的急缓。根据天文测算，这一间隔最短大概有 13.90 天，最长大概有 15.61 天，平均约为 14.77 天。

说了这么多，其实满月一般还是发生在农历十五或十六，十七的情形比较少见，而十四月圆更是罕见，如果发生，一般也是在农历十四的日末。

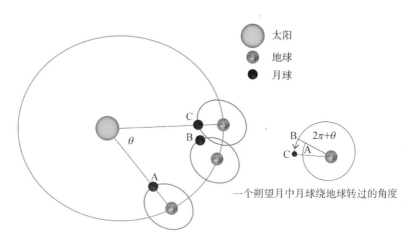

朔望月周期示意图（图形未按比例）| 图源：紫金山天文台

作者简介　张旸　中国科学院紫金山天文台副研究员。

4. 历法与天象

4.4 中秋遇见国庆，邂逅还是邀约？

中秋遇国庆 | 图源：紫金山天文台

农历八月十五是中国的重要传统节日——中秋节，对应的公历日期每年都在变动。2020 年 10 月 1 日国庆节喜迎中秋，出现了国庆中秋双节同庆的罕见情况。这种相遇到底有多么不常见呢？

从 1949 年建国到 2049 年百年国庆，中秋节喜逢国庆日仅会出现 4 次：分别于 1982 年、2001 年、2020 年和 2031 年出现。前三个年份均相隔 19 年，最后两个相隔 11 年。

那么，为什么每年中秋节的公历日期不固定，而过若干年又会出现在同一天呢？这是浪漫邂逅还是有约在先？

公历和农历

这得从公历和农历的关系说起。新中国以国际通行的公历为主要行政历法并以公元纪年，农历则作为中国传统历法的结晶并行使用。我们日常使用的民用日历均有公历和农历对照。

公历是阳历的典型代表，是以地球绕太阳公转的运动周期为基础而制定的历法，平均年长 365.242 5 天，接近于回归年长 365.242 2 天。二十四节气就是根据太阳的视位置计算出来的，代表回归年。

而农历是阴阳历，编算依据太阳和月亮的预报位置以及一定的日期编排规则。我国最迟从殷商开始便将阴阳历作为传统历法，并不断将其完善发展。

农历的编排规则

根据国家标准委 2017 年发布的《农历的编算与颁行》（GB/T 33661-2017）国家标准（由国内唯一的历书编算机构中国科学院紫金山天文台牵头起草），我国现行农历编排规则如下：

1. 以北京时间为标准时间；

2. 朔日为农历月的第一个农历日；

3. 包含节气冬至在内的农历月为农历十一月；

4. 如果从某个农历十一月开始到下一个农历十一月（不含）之间有 13 个农历月，则取其中最先出现的一个不包含中气的农历月为农历闰月；

5. 农历十一月之后第 2 个（不计闰月）农历月为农历年的起始月。

规则中第 2、3 条确定农历月的划分和月序安排。太阳和月亮的视黄经相合时刻的月相叫作朔，朔所在的一天为朔日，两个相邻朔日之间即为一个农历月，朔日固定为农历月首日，即初一。

农历闰月的设置

朔望月是月相盈亏的周期，其平均长度是 29.53 天，12 个朔望月约 354 天，比回归年少了约 11 天，而 13 个朔望月长度约 384 天，又比回归年多了约 19 天。为寻求朔望月和回归年的调和，中国古代历法非常智慧地用节气中的十二个中气来设置闰月，即把十二个中气（冬至、大寒、雨水、

　　　　　　4. 历法与天象

春分、谷雨、小满、夏至、大暑、处暑、秋分、霜降、小雪）分配到各朔望月，那么经过一年或两年的平年（12 个月）之后，十一月与下一年的十一月之间会多出一个没有中气的月，这个月就被设置为闰月。设置闰月后，农历年的平均长度与回归年长保持基本相符，农历各月与节气代表的季节也保持基本相符。

归纳起来就是：农历以朔望月定历月，以冬至定月序，以中气定闰月，以回归年定年长，并通过设置闰月来解决朔望月和回归年的不通约问题。

从白露到寒露

中秋节最早和最晚的公历日期可以差一个月。21 世纪最早的中秋出现在公历 9 月 7 日（2052 年），靠近白露节气，太阳视黄经 165°；最晚的出现在公历 10 月 6 日（2025 年），靠近寒露节气，太阳视黄经 195°。1949 年建国至今，最晚的中秋节出现在 1987 年 10 月 7 日，而 20 世纪最晚的中秋节曾出现在 10 月 8 日（1919 年、1938 年）。中秋节徘徊于从白露到寒露之间的整个仲秋季。

关于二露，《月令七十二候集解》有云："八月节……阴气渐重，露凝而白也。""九月节，露气寒冷，将凝结也。"而民谚就更通俗了："白露身不露，寒露脚不露。"

从白露到寒露，诗人的心境也会随着气与候迁移。白露总是自带诗意

> 蒹葭苍苍，白露为霜。
> 所谓伊人，在水一方。
> ——《诗经·秦风·蒹葭》

> 露从今夜白，月是故乡明。
> ——杜甫《月夜忆舍弟》

而寒露则多是悲凉思归之句

> 寒露惊秋晚，朝看菊渐黄。
> 千家风扫叶，万里雁随阳。
> ——元稹《咏廿四气诗 寒露九月节》

> 袅袅凉风动，凄凄寒露零。
> ——白居易《池上》

19 年之约是否靠谱？

言归正传，回到本文开头的问题：中秋与国庆的相遇，是邂逅还是赴约？

如果相邻两年的同一农历日期之间没有闰月，后者对应的公历日期会较前者提前约 11 天；如果有闰月，则推后约 19 天。农历中有 19 年7 闰的说法，19 年中有 7 个闰月，共 235 个朔望月，也就是 6 939.69 天，与 19 个回归年长 6 939.60 天非常接近，因此农历与公历对照大致有 19 年的重复周期，即所谓的 19 年之约。

不过，因为农历是根据定

1949-10-06	1968-10-06	**1987-10-07**	2006-10-06	2025-10-06	2044-10-05
1950-09-26	1969-09-26	1988-09-25	2007-09-25	2026-09-25	2045-09-25
1951-09-15	1970-09-15	1989-09-14	2008-09-14	2027-09-15	2046-09-15
1952-10-03	1971-10-03	1990-10-03	2009-10-03	2028-10-03	2047-10-04
1953-09-22	1972-09-22	1991-09-22	2010-09-22	2029-09-22	2048-09-22
1954-09-11	1973-09-11	1992-09-11	2011-09-12	2030-09-12	2049-09-11
1955-09-30	1974-09-30	1993-09-30	2012-09-30	2031-10-01	2050-09-30
1956-09-19	1975-09-20	1994-09-20	2013-09-19	2032-09-19	2051-09-19
1957-09-08	1976-09-08	1995-09-09	2014-09-08	2033-09-08	**2052-09-07**
1958-09-27	1977-09-27	1996-09-27	2015-09-27	2034-09-27	2053-09-26
1959-09-17	1978-09-17	1997-09-16	2016-09-15	2035-09-16	2054-09-16
1960-10-05	1979-10-05	1998-10-05	2017-10-04	2036-10-04	2055-10-05
1961-09-24	1980-09-23	1999-09-24	2018-09-24	2037-09-24	2056-09-24
1962-09-13	1981-09-12	2000-09-12	2019-09-13	2038-09-13	2057-09-13
1963-10-02	1982-10-01	2001-10-01	2020-10-01	2039-10-02	2058-10-02
1964-09-20	1983-09-21	2002-09-21	2021-09-21	2040-09-20	2059-09-21
1965-09-10	1984-09-10	2003-09-11	2022-09-10	2041-09-10	2060-09-09
1966-09-29	1985-09-29	2004-09-28	2023-09-29	2042-09-28	2061-09-28
1967-09-18	1986-09-18	2005-09-18	2024-09-17	2043-09-17	2062-09-17

1949 年—2062 年中秋节公历日期速览表
| 图源：紫金山天文台

4.历法与天象

气、定朔计算，而不是基于回归年和朔望月的平均周期编算，所以日期对照不一定完全重合，可能会有一天的偏差，这从上面的速览表中也可一窥端倪。同样，你可以查查自己 19 整数倍的周岁生日，公历和农历是不是在同一天或紧挨着？

那么 2031 年的双节同庆又是怎么回事呢？难道除了 19 年约定以外还有个 11 年约定？我们可以简单计算一下：11 个回归年长度是 4 017.66 天，而 2020 年中秋节至 2031 年中秋节之间经历了 4 个闰月，那么这 11 年间共 136 个朔望月，总长 4 016.16 天，与 11 个回归年长只相差 1.5 天，所以公历农历日期对照与 11 年前的比较接近。2031 年中秋节应该属于 9 月 30 日的序列，只是因为定气、定朔计算比平均周期偏差了一天，反而赶巧了。

作为中国重要的传统节日之一，中秋节于 2006 年被列入第一批国家级非物质文化遗产名录，并于 2008 年起被列为国家法定节假日。从那时起，只要中秋节出现在国庆长假期间或前后一天或两天，我们就可以迎来一个连续 8 天的大长假。这种情况相对就比较常见了，每隔 3~5 年就会出现一次，之前已经有过三次，分别是 2009 年、2012 年和 2017 年，后面还会有 2023 年、2025 年和 2028 年等。

成灼 中国科学院紫金山天文台副研究员。研究方向：历书编算。负责《中国天文年历》《航海天文历》和民用日历等的编算。

4.5 夏至牵手日环食

根据紫金山天文台编算的《中国天文年历》，庚子鼠年夏至出现在北京时间 2020 年 6 月 21 日 05 时 44 分。

夏至时，太阳直射北回归线，主角本来只有地球和太阳。不过，月亮可不甘心每次都跑龙套。2020 年夏至日赶上农历五月初一，是个朔日，月亮终于抓住机会，跑到地球和太阳之间，在天宇中上演了一场罕见的夏至日日环食。

月亮追着和太阳比大小

地球上的人类之所以有缘看到日食实属巧合：太阳平均直径（~139.2 万千米）约为月球平均直径（~3 474 千米）的 400 倍，而平均日地距离（~1.5 亿千米）正好约为平均地月距离（~38 万千米）的 400 倍。所以在地球上的观测者看来，月球和太阳的视直径（或角直径：目标对观测者的张角）不相上下，都约为 0.5 度。基本相当于手拿一颗黄豆（直径约为 5 毫米），尽量伸出手臂放到眼前（约 60 厘米处）时的张角。

由于地球和月球的公转轨道都是椭圆，受太阳和月球到地球的距离变化（近地点

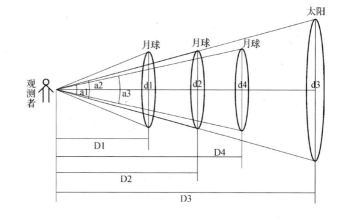

月球、太阳角直径示意图（未按比例）| 图源：紫金山天文台

到远地点）的影响，太阳角直径一年内会有约 3% 的变化，而月球角直径在一个月内会有约 10% 的变化。这种变化平时靠肉眼是很难察觉的，而日食发生时就可以真切地感受到。日食可以说是月亮追着太阳比谁更大的结果，根据月球追上太阳后的对齐程度和月球遮住太阳的程度，日食分为全食、环食、全环食、偏食等。

夏至时地球接近远日点，太阳的视直径较小。这次夏至日日环食食甚时，太阳的视直径为 31′ 28″（或 0.524 6°），而月球的视直径为 30′ 48″（或 0.513 4°），二者只相差 40″，相当于把刚才那粒黄豆放到 25 米开外的张角！日环食过程大致分为：初亏、（偏食）、环食始、食甚、环食终、（偏食）、复圆。

中国科学院紫金山天文台科普部拍摄于云南姚安2010.0115

2010 年 1 月 15 日的日环食全过程，拍摄地点为云南姚安
| 图源：紫金山天文台

2020 年夏至日日环食的特点与看点

特点一：太阳高。夏至日日环食，太阳高度角很高，尤其在中国境内最早发生日环食的西藏地区，初亏时接近正午，太阳几乎就在头顶。

特点二：食分大。所谓"食分"是指月亮遮住太阳直径的比例。日环食的食分越接近 1，太阳边缘亮边越窄。此次环食带中心线附近地区的食分大多在 0.990 以上，是绝妙的奇观——"金边日食"，接近全食。由此带来的三大看点包括：1. 可能有机会看到通常只有日全食才得一见的"钻石环"——贝利珠；2. 还有可能看到日珥、日冕等太阳活动现象；3. 可以一览金（星）日同辉的奇景。

日全食发生时能观测到的贝利珠、日珥和日冕
| 图源：LUC Viator/https://Lucnix.be

特点三：食带窄。食分大造成环食带非常细窄，我国境内食带较宽处也只有约 40 千米（作为对比，于 2010 年 1 月 15 日发生的日环食的环食带约为 300 千米）。沿途又"巧妙"地避开了除厦门、漳州以外的所有较大城市的市区，再加上天气原因，想要欣赏金环奇观的朋友们要多费心了。

特点四：食延短。食分越大，环食食延就越短，稍纵即逝，要小心把握。沿着环食带中心线，此次食分最大的地方在西藏阿里地区，食分约 0.995，环食食延 33 秒，为中国境内最短；环食食分最小的地方在台湾，食分 0.988，环食食延 56 秒，为中国境内最长。本次日（环）食在中国境内的历程，从阿里地区初亏（北京时间约 13:10）至台湾地区复圆（北京时间约 17:30），全程历时近四个半小时。

如何观测日食

○观食安全指南

由于太阳光中的红外线直接照射眼睛容易灼伤视网膜，造成不可恢复的伤害，所以观测日食前一定要了解以下这份安全指南。

绝对禁止

在没有减光措施下，通过望远镜直接用肉眼观看。这会对眼睛造成严重损伤，甚至导致失明。

不可以

用肉眼直接观看或佩戴日常的太阳镜、墨镜观看。

不推荐

1. 通过前端加了减光膜（片）的望远镜目镜直接用肉眼观看，因为从减光膜（片）可能的意外损坏处泄漏的强光足以伤害眼睛。

2. 使用曝光过的底

2019 年 12 月 26 日发生日环食时，南京紫金山上云缝中可见的日偏食
| 图源：紫金山天文台

片、蜡烛熏黑或涂了墨汁的玻璃、曝光过的 X 光底片等观看，这些都挡不住红外线和紫外线对眼睛的伤害。使用摄影器材拍摄日食也需要安装滤光膜（片）。儿童一定要在成人的全程监护下观看日食。

○安全观食法

小孔成像

通过小孔成像的原理，制作创意投影来观看。可以在一张纸上用小孔写一句话、画一个图案，观看投影到另一张纸上、墙上或地面上的日食；也可以寻找附近有茂密树叶的树木，观看透过树叶缝隙投影到地面上的日食。

望远镜投影法

在目镜后放置一张白纸，将太阳像投影到纸上观看日食。需要注意的是太阳光经过望远镜的汇聚后，目镜后的温度会变得很高，不能用眼睛贴着目镜观看，也不能用手触碰目镜。在使用望远镜投影法观看一段时间之后，需盖上物镜盖让望远镜冷却。

专用日食眼镜

专用日食眼镜，能最大程度地过滤掉杀伤力强大的紫外线和红外线等。使用前需检查滤光膜表面是否有划痕或磨损，务必使用完好的观食镜观赏日食。

2012 年 5 月 21 日的日环食，厦门，ZTKP（紫台科普）| 图源：紫金山天文台

4. 历法与天象

"听"日食

日食发生时，地球电离层会发生很大变化，直接影响短波通讯。如果你手边恰好有一台带短波的老式收音机，也可以试试"听"日食：将收音机调到一个日食地区的短波广播电台，例如中国科学院国家授时中心短波授时台（呼号 BPM，从陕西蒲城以 2.5 兆赫兹、5.0 兆赫兹、10 兆赫兹、15 兆赫兹四种频率交替全天发播）。日食前后电台的声音应该会突然增大或减小。

作者简介 **胡方浩** 中国科学院紫金山天文台工程师。

4.6 今夜，流星绽放

2020 年 8 月 12 日晚，北半球夏季最值得期待的天象——英仙座流星雨迎来极大期，每小时有 100 颗流星绽放天际，妆点星空。

流星雨与星座

英仙座流星雨是北半球三大流星雨之一，另外两个分别是象限仪流星雨和双子座流星雨。漫天飞舞的流星雨怎么会和固定的星座产生联系呢？要搞清楚这件事情，就要先聊聊流星雨是怎么来的。

2019 年 8 月 12 日的英仙座流星雨
| 图源：Petr Horálek

太阳系大家庭是由"家长"太阳和它的"孩子们"共同组成的。太阳的"孩子"有行星、矮行星、小行星、彗星和流星体等，它们都独自绕太阳公转。其中流星体的个头最小，小的流星体要远小于一颗米粒，最大的也不会超过 1 米。有些流星体的轨道相似，只是过近日点的时间不同，这样的流星体被称为"流星群"。

流星群经过地球附近时，部分流星体高速闯入地球大气中，与大气摩擦生热而烧蚀，受热后的流星体表面熔融剥落，便形成了流星尾迹。这样的事件每时每刻都在发生，但大多数用肉眼都看不见。部分流星体进入大气层后会像一道亮光划过天空，形成肉眼可见的光学流星，其中特别亮的那些被称为"火流星"。当流星群和地球相遇时，大量的流星体在很短的时间间隔内先后进入地球大气层，就形成了流星雨。英仙座流星雨即以出现火流星数量最多而闻名。

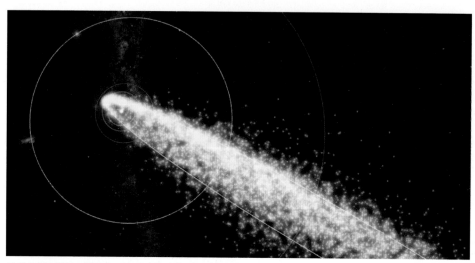

英仙座流星雨极大期时，地球（轨道为蓝色）与流星群（弥散白色小点）轨道最近
| 图源：国际流星组织

　　由于透视效应，原本轨道近乎平行的群内流星体在进入大气层时，从地面上看起来就像从空中的一个点射出的。这一情形类似于站在平行的铁轨中间向远处看去，铁轨看起来会相交在很远的地方。这个点被称为流星雨的辐射点。不同流星雨辐射点的位置不一样，因此就根据辐射点所在的星座或附近的恒星来命名流星雨，比如前面所说的英仙座流星雨、双子座流星雨等，它们也被称为英仙座流星群、双子座流星群等。

平行铁轨相交示意图 | 图源：紫金山天文台

流星雨与彗星

利用对流星雨的观测可以推算出流星群的轨道。在 19 世纪，天文学家就发现了一些流星群的轨道跟有些彗星轨道相似，比如猎户座流星群和宝瓶座伊塔流星群的轨道和哈雷彗星的轨道相似。后来也发现流星群和彗星尘的物理－化学性质相似，因此推断，彗星不断"蒸发"出的彗星尘散布在其轨道上便形成了流星群。伴随彗星回归，其对应的流星雨会出现爆发的现象也

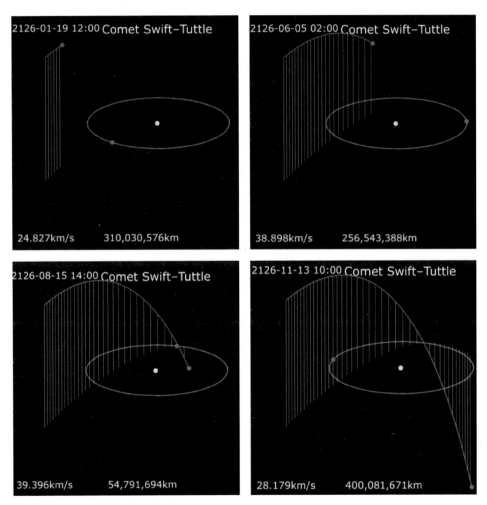

斯威夫特－塔特尔彗星（轨道为紫红色）与地球（轨道为蓝色）轨道示意图
| 图源：Phoenix 7777

证明了此观点。

不同的流星群在不同轨道运行，当地球靠近流星群轨道时就会有相对应的流星雨出现。地球分别于 10 月和 5 月靠近哈雷彗星的轨道，对应出现的是猎户座流星雨和宝瓶座伊塔流星雨。

产生英仙座流星雨的流星群则来自斯威夫特 - 塔特尔（109P/Swift-Tuttle）彗星，这是一颗周期彗星，每次回归都会在轨道上留下新的流星体。每年的 7 月中旬至 8 月下旬，地球会穿过这些流星群的轨道，群内流星体从英仙座方向高速冲击地球大气层，从而为北半球带来了绚丽的流星雨。

斯威夫特 - 塔特尔（109P/Swift-Tuttle）彗星档案

发现者：刘易斯·斯威夫特（Lewis Swift）和霍勒斯·帕内尔·塔特尔（Horace Parnell Tuttle），两人分别在 1862 年 7 月 16 日和 19 日独立发现该彗星。

周期：133 年

轨道半长径：26.092AU

近日点：0.959 5AU

远日点：51.225AU

说起斯威夫特 - 塔特尔彗星的发现和观测历程，可谓是跌宕起伏，还充满了中国元素。记载表明这颗彗星早在公元前 69 年和公元 188 年就两度被中国古人观测到过。1737 年，清王朝乾隆年间，就职于钦天监的德国传教士伊格纳提乌斯·凯格勒（Ignatius Kegler）在北京沙河首次利用天文仪器发现并测量了该彗星，比 1862 年斯威夫特（Swift）和塔特尔（Tuttle）的发现足足早了 125 年。可惜的是，限于当时的观测和计算水平，这颗本应属于中国本土发现的彗星与我们失之交臂。

斯威夫特 - 塔特尔彗星彗核直径有 26 千米，大小是撞击地球引起恐龙灭绝的小行星的两倍，它在近日点时距离地球轨道最近可达 0.000 9AU（13 万千米）。如此近距离的"接触"，是否会对地球造成威胁呢？

紫微
星语

天文学家在考虑了历时 2 000 多年的观测记录后计算表明，这颗彗星的轨道非常稳定，在未来的 2 000 年里对地球不构成威胁。斯威夫特－塔特尔彗星下一次回归时，预计将于 2126 年 8 月 5 日到达离地球最近位置，距离为 0.153AU（2 290 万千米），这是一个安全的距离。

观测历史

据中国文献记载，英仙座流星雨最早的观测记录发生在公元前 36 年，之后在公元 8 世纪至 11 世纪都有零星记录。爱德华·海斯（Eduard Heis）是英仙座流星雨计数观测的第一人，1839 年他观测统计英仙座流星雨数量可达 160 颗 / 小时。

在现代流星雨预报中使用天顶每时出现率（zenithal hourly rate, ZHR）来描述可能的流星数量。其定义是在观测条件非常好（目视极限星等可达 6.5 等），且辐射点位于观测者头顶时，观测者每小时能看到流星的最大数。文章开头提到的英仙座流星雨流量便是利用 ZHR 计量的。

历史观测数据表明英仙座流星雨的流量并不总是稳定的，低迷时也曾只有每小时寥寥数颗（1911 年—1912 年），当时人们甚至怀疑那是英仙座流星雨的"告别演出"。幸好后面的统计数量又恢复了正常，并且在 1920 年母体彗星位于远日点附近时出现流量大爆发，达每小时 200 颗以上；母体彗星再次回归的 1992 年和接下来几年，英仙座流星雨的极盛期 ZHR 都能达到 200 或以上。21 世纪以来，英仙座流星雨也很少让人失望，极盛期平均 ZHR 能达到 100 左右。

不过，虽然流星雨预报的 ZHR 可达 100 甚至更高，但实际受到天气、城市灯光、辐射点位置、流星亮度等情况影响，实际每小时能观看到的流星数量会比这个数字少很多。

4. 历法与天象

英仙座流星雨观测指南

○特点

观测环境适宜：英仙座流星活跃在 7、8 月，夜间气温较高，比较适合观看流星雨。

速度快：英仙座流星雨的流星体进入大气的速度为 59 千米每秒（21 万千米每小时），约是地球上最快的飞机速度的 28 倍。

亮流星多：明亮流星的比例高，偶尔还有更亮的火流星。

余迹明显：流星体在高层大气中快速运动而烧蚀，产生的离子消失在流星体轨迹附近形成余迹，会在轨迹上留下淡淡的条纹，像飞机飞过后在天空中留下的痕迹。

颜色丰富：英仙座流星雨经常会出现绿色或偏红的彩色流星。颜色来自前端大气中分子或原子的激发，以及流星体本身的各种金属原子的激发。

○观测方法与注意事项

观测地点选择：所选的观测地需满足当夜天气晴朗、灯光影响小、视野开阔四周无遮挡、安全等条件。

观测准备物品清单：垫子或躺椅、食物和水、驱蚊虫药水、红光手电和录音设备（记录流星雨数量）。

观测方法：躺在垫子或躺椅上，目视直接观看。目光覆盖尽量大范围的天空，而不必盯着辐射点看。月亮升起后，视线要避开月光。观看中途需要照明，可以使用红光手电，避免眼睛受亮光影响后还需要再次适应暗夜环境。

注意事项：野外观看时需注意防蚊虫和野生动物。观看地点不能选在公路、铁路和河流边，观看流星雨时一定要注意安全。

 胡方浩　中国科学院紫金山天文台工程师。

5

系外行星
EXOPLANETS

　　"我们在宇宙中是否孤独？"是一个困扰人类千百年的疑问。在系外行星不断被发现的今天，越来越多的人相信找到地外智慧文明的踪迹应该只是时间问题。

5.1 原行星盘：行星诞生的摇篮

原行星盘的射电观测新纪元

2014 年 9 月，智利北部阿塔卡马沙漠高原上新建成的阿塔卡马大型毫米 / 亚毫米波阵 (ALMA) 进行了仪器测试，开展了持续的天文观测。天文学家利用 ALMA 拍摄了一颗金牛座年轻恒星 HL Tauri（距离我们约 460 光年）周围的气体和尘埃盘的图像。

当 ALMA 的超级计算机将这些射电望远镜阵列接收到的光子拼接在一起时，发现 HL Tauri 附近的尘埃分布呈现一系列清晰的环形结构。这让天文学家感到欣喜，因为这些环状结构像极了行星形成理论所预言的场景——刚刚诞生的行星可以在围绕中心恒星周围的原行星盘中蚀刻产生间隙。因而，

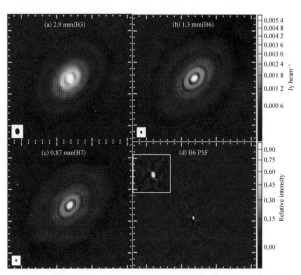

ALMA 观测 HL Tauri 的尘埃连续谱图像 | 图源：参考文献 1

ALMA 揭开了原行星盘的射电观测新纪元。

在此后的 4 年里，天文学家又陆续拍摄了许多其他年轻恒星周围的气体和尘埃盘的高分辨率观测图像。这些高分辨率的图像一部分来自 ALMA 望远镜，还有一些来自欧南台 (ESO) 甚大望远镜上的 SPHERE(Spectro - Polarimetric High - contrast Exoplanet REsearch) 仪器。

这些代表着行星形成区域的图像呈现出了各种各样的图案：有些是整齐

的椭圆盘中夹着清晰的环状空带，有些则像微型的星系那样由旋臂组成开放的弧形。这些环绕恒星的原行星盘就是行星的"摇篮"。

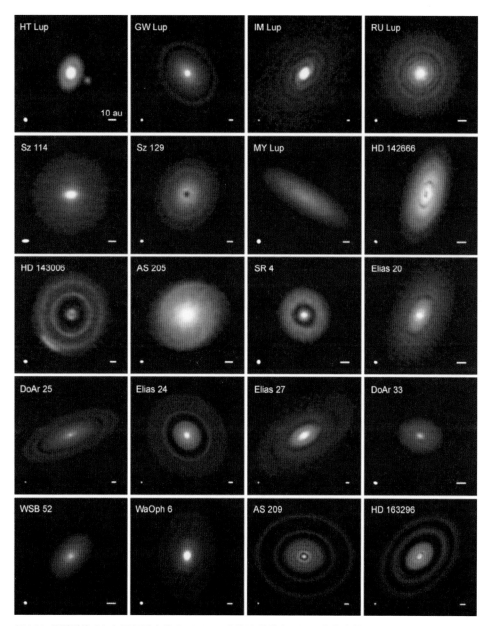

ALMA 观测到的 20 个原行星盘的 240 GHz 尘埃连续谱 | 图源：参考文献 2

5. 系外行星

行星系统的形成机制

这些丰富的行星形成区图像有助于科学家们探索太阳系和其他系外行星系统的形成机制。

用于解释太阳系形成与演化的早期理论 —— 星云假说 (Nebular hypothesis)，无疑是最为大家所广泛接受的模型。该理论最早由德国哲学家康德和法国数学家拉普拉斯提出，它认为太阳和行星诞生于一团模糊的气体和尘埃云之中。星云假说可较好地阐明太阳系行星轨道近圆性、共面性及运动方向与太阳自转方向的一致性的特点。虽然有一些局限性，但这一假说无疑是现代行星形成理论的雏形。

现今的天文学家一直致力于改进和完善行星形成理论的诸多细节问题。目前被广泛接受的行星形成模型认为，分子云坍塌导致恒星形成，气体和尘埃则会在围绕年轻恒星的原行星盘内残留、冷却，尘埃会逐渐凝结成更大的颗粒，然后长大生成类似于太阳系小行星大小的物体，称为星子 (planetesimal)，进而星子之间发生大规模的相互碰撞而形成更大尺寸的行星胚胎。这些岩石抑或吸积大量气体，形成类似木星的气体巨行星，抑或直接成为类似于地球的岩石类行星。

○气态巨行星还是类地行星？

行星形成理论的一个关键环节是：像木星一样的气态巨行星必须在原行星盘气体消散前形成。因为只有在原行星盘尚且存在的时候，行星方能吸积其中的氢氦气体。

这种流行的行星形成理论通常被称为核吸积模型：由固体物质组成的数千千米大小的星子首先形成，之后星子通过引力作用发生碰撞并合而不断生长。

如果在原行星盘仍存在的时候能够长成十多个地球质量的行星核，则可以触发快速吸积气体的过程，迅速长成木星或土星这样的气态巨行星。如果行星核无法在原行星盘存在时达到快速吸积气体的临界质量，则最终演变成地球和火星这样的类地行星。

基于对原行星盘和年轻恒星年龄的观测，天文学家发现原行星盘的寿命大约为 100 万~1 000 万年。这表明行星核的形成过程非常迅速，在 1 000 万年内便完成从分子云内的尘埃长到十多个地球质量的行星核，再生长到气态巨行星这样的完整过程。

○ 10 万年：从尘埃到行星

原行星盘的观测已成为现今行星科学研究的一个热点。随着观测样本的扩大，又有新的挑战出现在人们面前。观测显示：系外行星具有不同的轨道和物理参数，呈现出多样性和复杂性。这些多样的系外行星在原行星盘中是如何形成的呢？

为了阐明上述行星形成理论的难点，天文学家提出了许多物理机制。在解释尘埃如何快速聚集生长成行星核这个问题上，天文学家提出了流动不稳定性 (streaming instability) 和卵石吸积 (pebble accretion) 理论。

流动不稳定性针对的是从尘埃变成千米级团块的过程。原行星盘的气体盘做着围绕中央恒星的流体运动。在这个过程中，气体盘和盘中的尘埃迅速冷却，尘埃在气体盘内快速漂移，并在自引力的作用下聚集并坍塌，从厘米级尘埃或冰长成 1~100 千米的高密度聚集体，成为构建行星核的基础。

卵石吸积理论试图解释气态巨行星内部十多个地球质量的行星核的形成过程。根据该理论，原行星盘中有大量在恒星形成时期生成的尘埃和卵石。原行星盘中的星子形成后，与气体盘的角动量交换将使其发生轨道迁移，逐渐接近中央恒星或者远离中央恒星。在星子的轨道迁移过程中，它将通过引力吸积盘中的尘埃和卵石，像滚雪球一样迅速变大，长成构建气态巨行星的内核。太阳系的木星和土星有可能在早期经历了卵石吸积过程。

原行星盘内的星子和行星胚胎与气体盘的相互作用也是行星形成理论中的重要一环。一方面，星子和行星胚胎在气体盘内与气体盘交换角动量，发生接近或远离中央恒星的轨道迁移。另一方面，对于质量足够大的行星，它的希尔半径可以超过气体盘的厚度；相对于行星的引力势而言，气体盘很薄，此时行星可以在气体盘内打开一个空带，行星和它在盘内打开的空带一起迁移。

观测到的各个原行星盘的环形结构和气态巨行星在气体盘中打开的空带很像。如果这些系统中的环状结构确实是由年轻的行星产生的，则说明行星的生长速度确实非常快，类似于木星大小的气态行星可在 10 万年的时标内生成。

虽然观测到的各种原行星盘结构成因可基于行星和盘的相互作用来解释，但是天文学家依然不能确定行星是否是产生这些结构的唯一可能。一方面，原行星盘中的不稳定性也可以使原行星盘中产生多种多样的复杂结构。另一方面，行星形成理论远比 260 多年前康德所预测的要复杂，而且细节更为丰富。天文学家意识到深入理解原行星盘和行星的形成与演化过程仍然需要大量的理论研究工作。

最近的研究表明，原行星盘本身的流体不稳定性亦可以产生大尺度的结构特征。另外，原行星盘本身的物理性质，比如黏滞度和磁场性质等，也对其呈现出的结构有决定性的影响。

展望未来

更多的原行星盘观测结果可以帮助行星形成理论快速发展。除了 ALMA 之外，位于智利安第斯山的双子座行星成像仪（Gemini Planet Imager, GPI）也加入到观测原行星盘的阵营中。在不久的将来，等到具有更高分辨率的射电干涉阵落成后，这个观测队伍会进一步壮大。

其他射电干涉阵包括英国的默林多元射电联合干涉网（Multi - Element Radio Linked Interferometer Network, MERLIN），位于南非和澳大利亚西部的平方千米射电望远镜阵（Square Kilometer Array, SKA），以及美国正在预研的下一代甚大天线阵（Next Generation Very Large Array, ngVLA）。

这些射电阵列可以观测到厘米波段的信息，从而得到原行星盘中厘米级物质颗粒的分布图像，帮助天文学家深入理解从尘埃生长到星子的中间过程。ngVLA 在 HL Tauri 的距离（约 460 光年）处的分辨率可以达到 0.5 个天文单位，它将有能力探测星子区域的物理环境，还可以分辨年轻行星在原行星盘形成的密度扰动。

针对原行星盘的研究方兴未艾，伴随着未来空间和地基观测项目的开展，未来更高分辨率的观测研究将更清晰地揭示原行星盘的特征。在行星形成研究方面，虽然天文学家基于已有的观测样本发展了有关理论，但由于行星的形成过程牵涉到原行星盘复杂的物理和化学过程，这些理论中仍然有许多细节需要不断完善。

可以预期，伴随着更加丰富的观测数据的积累，原行星盘和行星形成的研究必将迈入一个蓬勃发展的新阶段。这些研究不仅有助于揭开一般行星系统形成演化的"谜团"，亦可以为太阳系自身的起源演化提供重要科学线索。

原文发表于《科学通报》

参考文献

[1] Brogan C L, Pérez L M, Hunter T R, et al. The 2014 ALMA long baseline campaign: first results from high angular resolution observations toward the HL Tau region[J]. The Astrophysical journal letters, 2015, 808(1): L3.

[2] Andrews S M, Huang J, Pérez L M, et al. The disk substructures at high angular resolution project (DSHARP). I. Motivation, sample, calibration, and overview[J]. The Astrophysical Journal Letters, 2018, 869(2): L41.

季江徽　中国科学院紫金山天文台研究员。研究方向：太阳系小天体动力学、系外行星系统形成与动力演化、深空探测轨道和技术等。

5.2　我们在宇宙中是否孤独？

北京时间 2019 年 10 月 8 日，瑞典皇家科学院宣布将 2019 年诺贝尔物理学奖授予三位天体物理学家：美国普林斯顿大学教授詹姆斯·皮布尔斯（James Peebles）、瑞士日内瓦大学教授米歇尔·麦耶（Michel Mayor）和日内瓦大学、剑桥大学教授迪迪埃·奎洛兹（Didier Queloz），

2019 年诺贝尔物理学奖得主 | 图源：Nobel Prize

以表彰他们为"理解宇宙的演化和地球在宇宙中的位置"做出的贡献。这是自 2000 年以来，诺贝尔物理学奖第 6 次垂青天体物理领域相关的研究成果。

发现

詹姆斯·皮布尔斯因"物理宇宙学的理论发现"获得表彰，我们暂且按下不表，重点说说诺贝尔物理学奖的另一项成果"发现了一颗围绕太阳型恒星运行的系外行星"。如果说詹姆斯·皮布尔斯的物理宇宙学理论发现是指引天文学家走向宇宙的暗处，那么米歇尔·麦耶和迪迪埃·奎洛兹师徒二人则是打开了一扇通往太阳系外世界的明窗。

1995 年 10 月 6 日，米歇尔·麦耶和迪迪埃·奎洛兹公布了他们发现的第一颗环绕主序恒星飞马座 51（51 Pegasi）的系外行星：51 Pegasi b。它的

公转周期只有 4.23 天，中央恒星为一颗与太阳类似的 G 型恒星。他们利用法国南部的上普罗旺斯天文台（Observatoire de Haute-Provence，OHP）一架口径 1.93 米的望远镜观测到其视向速度信号，证认了 51 Pegasi b 是一颗与太阳系内最大的行星木星相当的气态巨行星。这项工作发表于 1995 年 10 月的《自然》期刊，自此开启了天文学与行星科学的一场划时代的革命。

© Anne van der Stegen / OHP / CNRS

法国上普罗旺斯天文台 1.93 米口径望远镜 ｜图源：OHP

溯源

人类对于系外行星与地外文明的探索始于公元前 4 世纪亚里士多德提出的一个哲学命题——"我们在宇宙中是否孤独？"，对系外行星的探索始终伴随着人类文明和科学的发展历程。早在 16 世纪，哥白尼"日心说"的早期支持者——意大利哲学家焦尔达诺·布鲁诺（Giordano Bruno）就提出了其他恒星与太阳相似，也有行星相伴的观点。18 世纪，英国数学家和物理学家艾萨克·牛顿在《自然哲学的数学原理》一书中也提到了类似的观点。

1952 年，俄裔美国天文学家奥托·斯特鲁维指出：系外行星可能比太阳

系行星更接近它们的宿主恒星，并提出利用多普勒光谱测量和凌星法 (Transit)
可以探测到短周期轨道上的超级木星 (Super-Jupiter)。

1992 年 1 月 9 日，射电天文学家亚历山大·沃尔兹泰（Aleksander
Wolszczan）和戴尔·弗雷（Dale Frail）宣布发现了两颗围绕脉冲星
PSR 1257+12 公转的行星。这一发现得到了证实，并且被认为是对系外行
星的首次明确探测。

1995 年，随着高精度视向速度终端仪器的研发和探测精度的不断提升，
第一颗热木星 51 Pegasi b 被发现。恒星受到围绕它公转的行星的引力扰动
而发生移动，通过对恒星这种移动的视向速度的监测，便可得出绕转行星的
相关信息。51 Pegasi b 是天文学家发现的第一颗围绕主序恒星的系外行星。
这一发现开创了现代系外行星探测新时代。

今天，系外行星的探测手段已从早期的视向速度法 (Radial Velocity)，
发展为凌星法、天体测量法 (Astrometry)、直接成像法 (Direct Imaging)、
微引力透镜法 (Microlensing) 及脉冲星计时法 (Pulsar Timing) 等方法。

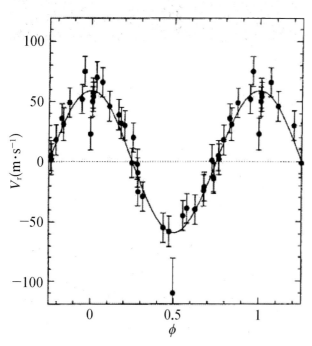

51 Pegasi 视向速度测量。
正值表示远离我们，负值表
示靠近我们
| 图源：Nature

51 Pegasi 行星系统与太阳系比较 | 图源：NASA/JPL-Caltech

    截至 2019 年 10 月，在银河系中发现并确认的系外行星已超过 4 100 颗，特别是开普勒空间望远镜（Kepler space telescope）发现了超过 2 300 颗行星，这些行星大小不一、形态各异，包括热木星、亚海王星、类地行星、超级地球等类型，与我们所熟悉的太阳系大行星迥然不同。

    2019 年诺贝尔物理学奖的桂冠让更多人了解了这项伟大的工作。

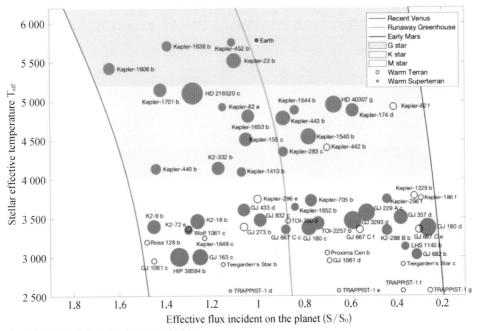

各种类型的系外行星 | 图源：拓展阅读 1

未来

未来，针对地外生命和宜居行星系统的搜索将成为系外行星研究的前沿课题，而那些位于类太阳型恒星的宜居带、与地球类似的所谓宜居行星则是人类追寻系外行星探测的终极目标。

天文学家将行星系统中适合生命存在的行星轨道范围称为"宜居带"。这个范围主要取决于中央恒星的类型和辐射强度。与中央恒星相隔一段合适的距离时，行星表面平均温度能够使液态水稳定存在，便可能拥有与地球类似的生命环境条件。

在我们太阳系，宜居带大致分布在金星轨道到火星轨道之间，地球刚好位于其中。2007年发现的 Gliese 581c 被认为是人类发现的第一颗在宜居带的系外类地行星。

然而，生命的稳定存在还有许多其他条件，如足够长的恒星和行星寿命以供生命产生、适宜的恒星光度、稳定的低离心率行星轨道和自转倾斜度、合适成分的行星大气等。

找到了处于宜居带的系外类地行星后，又该如何判断它们是否适合生命存在呢？这可以通过寻找行星大气光谱中的"化学指纹"来判断。行星本身不发光，而是反射中央恒星发出的光，同时产生红外辐射。若它具有大气，则行星大气会吸收部分恒星辐射和行星本身的红外辐射。

通过凌星法探测并比较恒星在被行星遮掩前后的光谱变化，即可得到行星大气的化学成分信息；此外，科学家亦可直接观测得到行星的可见光和红外光谱。分析这些光谱后，可以知道大气中是否有水、二氧化碳、甲烷、氧气（或臭氧）等适合生命存在的重要化学成分，这些化学成分的组合被称为"化学指纹"。其他空间任务如韦布空间望远镜（James Webb Space Telescope，JWST）、系外行星大气遥感红外大型巡天（Atmospheric Remote-sensing Infrared Exoplanet Large-survey，ARIEL）将在这方面给出更多科学线索。

征途

我国天文学家利用南极冰穹 A 得天独厚的天文观测台址条件，通过一架 50 厘米口径的南极巡天望远镜（Antarctic Survey Telescopes，AST3）观测，用凌星法发现了近 100 多个系外行星的候选体，有待进一步观测认证。推进中的中国南极昆仑站天文台也将地球质量大小的系外行星搜寻作为主要科学目标之一。

中国科学院在"空间科学（二期）"战略性先导科技专项中，前瞻性布局了系外行星探测方向，期望通过搜寻发现太阳系近邻类太阳恒星宜居带的类地行星。目前，科学家们正积极推进"近邻宜居行星巡天计划"（Closeby Habitable Exoplanet Survey, CHES），希望通过发射一个 1.2 米级口径的空间望远镜，基于高精度天体测量和定位技术观测距离地球 32 光年外 100 个类太阳恒星，搜寻类地宜居行星。

我国载人空间站上也将搭载的高对比度系外行星成像仪，利用直接成像法来研究系外行星大气，提供系外生命的可能线索。此外，中国正在积极参与建设的国际合作项目——30 米望远镜（Thirty Meter Telescope, TMT）和平方千米射电望远镜阵均把系外行星的搜寻作为重要研究目标之一。

我们有理由相信，人类最终将能够回答"我们在宇宙中是否孤独？"这一古老的问题，并深刻了解地球乃至人类在宇宙中的位置。"我们的征途是星辰大海"，需要"携手探索浩瀚宇宙共创人类美好未来"的情怀。

拓展阅读：

[1] Ji J H, Li H T, Zhang J B, et al. CHES: a space-borne astrometric mission for the detection of habitable planets of the nearby solar-type stars[J]. Research in Astronomy and Astrophysics, 2022, 22(7): 072003.

 作者简介

季江徽 中国科学院紫金山天文台研究员。研究方向：太阳系小天体动力学、系外行星系统形成与动力演化、深空探测轨道和技术等。

5. 系外行星

5.3 寻找第二颗地球

2019 年诺贝尔物理学奖带给系外行星的热度尚未褪去，2020 新年伊始，美国航天局凌星系外行星巡天卫星"苔丝"（Transiting Exoplanet Survey Satellite，TESS）的捷报让科学家们再次沸腾："苔丝"发现一颗位于恒星宜居带的系外行星，TOI 700d（TOI：TESS object of interest，"苔丝"感兴趣的对象），其大小与地球相当。这是"苔丝"发现的第一颗地球大小的宜居带系外行星。同时被发现的还有围绕该恒星运行的另外两颗行星 TOI 700b 和 TOI 700c。

"苔丝"发现的第一颗宜居带类地系外行星 TOI 700d 艺术想象图 | 图源：NASA

相信大家最关心的就是这颗行星上是否有生命，人类何时能实现星际移民了。下面就让我们一起围绕这颗充满未知的星球来一场相对"论"。

TOI 700d 有哪些特别之处?

TOI 700d 比地球大 20% 左右,公转周期为 37 天,距离地球 100 光年,是围绕一颗 M 型红矮星 TOI 700 运转的 3 颗行星中最靠外的一颗,它从母恒星获得的能量约为地球所接收的太阳能的 86%,刚好能在恒星的宜居带中维持液态水的存在。另外,对 TOI 700 近 1 年的监测未发现可探测的恒星耀斑活动,大大提升了 TOI 700d 的宜居性。

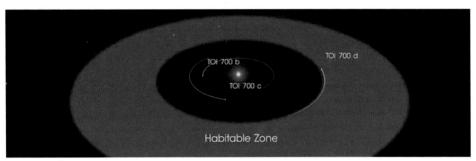

TOI 700 行星系统和宜居带(绿色)示意图 | 图源:NASA/TESS

最近几年常听到"地球 2.0"的说法,那么,有没有可能找到和地球一模一样的系外行星呢?实际上,目前发现的系外行星都和地球很不相同,这既让人兴奋,又令人沮丧。我们一直希望找到类太阳恒星周围的类地行星,即所谓"地球 2.0"。它们应具有与地球极高的相似度:如"外貌特征",即接近地球大小和质量的岩石行星;以及与地球一样的磁场和大气,可以保护生命免受星际辐射和其他小天体撞击的危害。

"地球 2.0"上可能和地球一样存在生命,但是生命的孕育需要相当长的过程,要求恒星的寿命不少于 10 亿年。我们知道,恒星的质量越大寿命越短,太阳的寿命大约是 100 亿年,"地球 2.0"围绕的中央恒星质量最好与太阳相当。当然,恒星的有效温度和活动性等都会对生命存在产生影响。在银河系恒星中红矮星占 70%, 这些小质量的恒星周围是否存在行星成为寻找宜居行星的前沿课题。然而,红矮星紫外辐射很强,会使行星大气中的水分子、二氧化碳分子发生光致电离，也有可能侵蚀和剥离行星大气。红矮星的寿命很长，通常能长时间保持较强的活动性，表面产生耀斑，不利于生命的长期演化。

目前天文学家已发现数十颗宜居行星，这些天体基本上均分布在红矮星周围。例如，距离我们最近的恒星比邻星周围发现的宜居带类地行星"比邻星 b"（Proxima b）上可能存在液态水，但是比邻星频发的耀斑给行星的宜居性带来极大考验。

Kepler-452b 是迄今发现的据称"最接近地球"的系外宜居行星，它与恒星之间的距离与日地距离相近，允许其表面存在液态水。不过其直径约为地球的 1.6 倍，质量为地球质量的 5 倍。要发现真正的"地球 2.0"，依然是路漫漫其修远兮。

"苔丝"和"开普勒"有何区别？

"苔丝"与"开普勒"均通过凌星法进行系外行星探测。"开普勒"的策略是对仅占全天 0.25% 的区域不间断地监测，在约 15 万颗恒星周围搜寻排查；而"苔丝"则把全天划分成了 26 个片区，在它两年的设计寿命中分别先后巡视南北半球的各 13 个片区，最终覆盖 90% 的夜空，监测离太阳系较近的 20 万颗亮星。另外，"苔丝"配备了对红光更敏感的宽视场相机，有利于红矮星观测，对运行在红矮星密近轨道上的岩石类行星最为敏感，可能发现更多的短周期宜居行星。

截至 2020 年 1 月 20 日，根据 NASA 官方的发布，"苔丝"已确认探测到 37 颗系外行星，另有 1 604 颗系外行星候选体。"苔丝"预计将会发现十几颗地球大小的类地行星和约 500 颗小于 2 倍地球大小的超级地球。

这两个空间任务仅能发现特殊轨道构型的系外行星，若想探测类地行星的凌星事件则需要极高的测光精度（几十 ppm），还需地面高精度视向速度仪等的进一步认证，因此"地球 2.0"的发现概率较低。

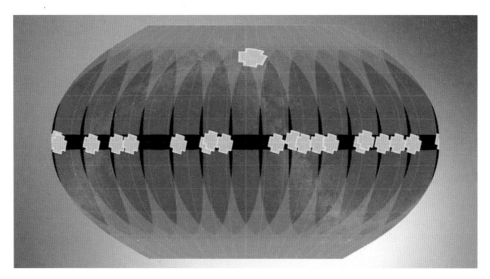

"开普勒"（黄色）与"苔丝"（深蓝色）观测天区对比 | 图源：NASA

中国自己的系外行星空间探测项目

中国也在积极部署自己的系外行星空间探测项目，即"近邻宜居行星巡天计划"。该计划通过发射一个 1.2 米级口径的高精度天体测量空间望远镜，实现微角秒级星间距的测量精度，巡查太阳系近邻 32 光年外 100 个类太阳恒星（"一巡"），探测宜居带类地行星或超级地球（"二探"），普查近邻行星数目、真实质量和三维轨道等信息（"三查"）。该计划预期会首次发现地球 2.0，包括数十颗宜居带行星和超级地球。

根据中国航天科技集团有限公司的发布，中国将在 2030 年前后开展太阳系近邻宜居行星太空探索计划 ——"觅音计划"。该计划将通过发射空间飞行器，以直接成像的手段发现和证认太阳系外宜居行星并研究其宜居性。

系外行星搜寻与研究的终极目标

首先是回答"人类在宇宙中是否孤独？"这一千古疑问。人类渴望寻求

5. 系外行星

来自其他星球的联系，发现外星智慧生命的存在或许只是时间问题。其次可能是星际移民，寻找下一个适宜人类生存的家园。从人类共同命运发展的视角看，宜居行星搜寻与研究的目标便是探索人类在其他星球上生活的可能性。

那么，如果将来真找到一颗和地球一样的宜居行星，人类真的能移居那里吗？寻找一颗真正的宜居行星并实现星际移民，首先需要对太阳系近邻恒星周围行星进行普查及对类地行星开展详查以了解其宜居性，同时发展足够先进的宇航探测技术作为支撑。即便如此，还有一个最根本的问题，那就是距离。最近的比邻星 b 离我们 4.22 光年，曾造访冥王星的"新视野号"探测器的速度约 5.8 万千米每小时，需要 7.8 万年到达。即便是目前飞行速度最快的"帕克号"太阳探测器，以其在近日点时的最大速度约 70 万千米每小时，也需要 6 500 年才能抵达。

2019 年诺贝尔物理学奖得主、天文学家迪迪埃·奎洛兹和米歇尔·麦耶虽然致力于系外行星的探测，但其在一次"气候变化"国际会议上也指出：所谓星际移民是既不负责任又徒劳的想法。可见，好好保护地球才是王道。

作者简介 季江徽　中国科学院紫金山天文台研究员。研究方向：太阳系小天体动力学、系外行星系统形成与动力演化、深空探测轨道和技术等。

紫微星语

5.4 消失的行星

视力好的人在晴朗无月的夜空中大约能看见五千颗星，其中除了少数是太阳系内的行星、彗星，以及环绕地球运动的人造卫星之外，大部分是跟太阳类似的恒星。既然跟太阳属于同类，一个自然的问题是，这些恒星是否也有像太阳系这样的行星系统环绕其运动，或者说，是否存在系外行星？

答案是肯定的，不仅存在，而且很多：截至 2020 年 6 月，已经确认探测到四千多颗系外行星。事实上 2019 年的诺贝尔物理学奖的一半就是奖励在 1995 年首次发现围绕类太阳恒星的系外行星。

探测系外行星有多种不同的方法，其中常用的方法包括：

1. 凌星法：行星对恒星的遮挡造成观测到的恒星辐射流量的周期性变化；
2. 径向速度法：行星与恒星相互绕转造成恒星视向速度的周期性变化；
3. 天体测量法：行星与恒星相互绕转造成恒星位置的周期性变化；
4. 微引力透镜：恒星－行星组成的多引力透镜系统造成背景天体的特殊光变曲线；
5. 脉冲星计时法：行星对脉冲星轨道的调制造成脉冲星辐射脉冲到达地球时间的变化；
6. 直接成像法：通过望远镜直接拍摄行星的图像。

与本文话题相关的是直接成像法。

直接成像法

"直接成像"这个说法可能会引起一点小的误解，仿佛是说能够拍摄系外行星的清晰照片似的，事实并非如此。在天文学研究的诸多对象中，行星算是个头偏小的一类了，即使当今性能最强大的望远镜，也还不能让人们直接看到系外行星的外观细节 —— 或者说，就算拍到了行星，也只是不到一个像素大小的点（望远镜的衍射效应会让这个点扩散开，显得不是一个点）。比如，太阳系中个头最大的行星是木星，如果把它放到除太阳之外离地球最近的恒星（即比邻星）旁边，它的视角直径将接近 1 毫角秒。这超出了 ALMA、哈勃等望远镜目前的极限分辨能力，不过倒是处于已经达到 60 微角秒分辨率的事件视界望远镜（Event Horizon Telescope, EHT，是拍摄了第一张黑洞照片的望远镜）的能力范围内，但行星的辐射相对黑洞周边炽热物质而言太弱（后者的亮温度超过十亿度，前者不过几百度），成像难度大太多。所以，直接成像的含义，并不是说能直接拍摄系外行星的照片。

那么，直接成像法是怎么探测行星的呢？

如果仅仅是在一颗恒星的旁边拍摄到一个黯淡的斑点，并不能判定这个斑点就是一颗围绕恒星的行星 —— 它完全可能是距离那个恒星很远、只是碰巧处于相近方位的某种天体，甚至有可能是望远镜光学系统的瑕疵造成的假象。为了排除这些可能性，研究者需要对比不同时间拍摄的图像。由于近邻的恒星往往存在自行 —— 也就是相对遥远的宇宙背景在移动 —— 而不相关天体的自行会不同，那么根据图像里的斑点是否与恒星一起运动，就能初步判断这个斑点是否是无关的天体。通过图像对比还能发现行星相对中心恒星的轨道运动。通过多次观测，包括使用不同的望远镜或后端设备、在不同波段进行观测，可以排除望远镜光学系统瑕疵的影响，并且获得系外行星不同方面的物理特性。

北落师门 b

北落师门 b 就是通过这种方法发现的一颗"行星"。

北落师门（Fomalhaut）是一颗恒星，也叫南鱼座 α。按照惯例，系外行星的名字通过中心恒星名字后面顺次添加小写字母 b、c、d、……得到，北落师门 b 表示北落师门这个恒星的第一颗行星。北落师门距离地球 25 光年，质量是太阳的 1.9 倍，是天空中最明亮的恒星之一（如果放到太阳的位置，在地球上看起来大约是太阳亮度的 15 倍）。对于这样明亮的恒星，要在它旁边搜寻

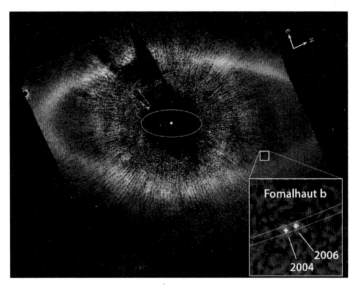

哈勃望远镜拍摄的北落师门碎屑盘的 0.6 微米波段图像
北落师门 b 作为碎屑盘中的黯淡斑点，其相对中心恒星的位置随时间变化，且变化方式基本符合开普勒行星运动规律（虽然观测数据并不足以给出完整的轨道参数）| 图源：参考资料 1

一颗暗弱的行星，其难度不亚于"在探照灯的强光中寻找萤火虫"。为了尽量消除恒星亮光的影响，可以用星冕仪把恒星的强光遮住。

科研人员使用哈勃空间望远镜和凯克（Keck）10 米望远镜在 2004、2005、2006 年对北落师门进行了观测，并用双子座望远镜（Gemini Telescope）进行了红外波段的后续观测。2008 年发表于《科学》（Science）杂志的一篇论文宣布发现了一颗环绕北落师门运动的行星，即北落师门 b。

从哈勃望远镜拍摄的北落师门近邻区域的照片中，可以看到中心恒星（已被星冕仪遮住）周围存在圆盘状分布的大量尘埃，被称为碎屑盘（debris disk）。其中的局部放大图表明，有一个黯淡斑点的位置随时间发生了变化。科研人员推测这个黯淡斑点是一颗行星。根据斑点相对恒星的位移，推测它的运动属于有界的开普勒运动（即椭圆轨道），且离心率不小于 0.13。

如果把木星放在北落师门 b 的位置，那它散射中心恒星的可见光表现出的亮度将只有观测到的北落师门 b 的亮度的百分之一。这意味着，要么北落

师门 b 是个比木星大很多的行星，要么它的光度有来自其他机制的贡献（比如尘埃的散射）。答案是后一种，因为如果行星质量太大，会严重影响碎屑盘的形态，而实际上并未观测到这种影响。

2008 年论文的作者模拟了这颗行星对恒星周围碎屑盘的动力学影响，发现它的质量不会超过木星质量的三倍。虽说观测数据要求行星对碎屑盘的影响不能太大，但同时也需要行星的存在来解释碎屑盘的一些观测特征。事实上，在通过直接成像法探测到北落师门 b 之前，这篇论文的部分作者就在《自然》杂志发文推测了北落师门碎屑盘中行星的存在，依据包括：碎屑盘外围亮带的中心与恒星的位置不重合，以及亮带内边缘存在的急剧截断。

消失的行星？

不过北落师门 b 的行星身份一直存在疑义。即使在宣布其行星身份的 2008 年论文中，作者也提及了一些与简单的行星模型不一致的方面。

理论上讲，行星形成过程释放的引力势能会转换成热能，让它发出红外辐射，并持续数亿年。所以，如果北落师门 b 是个"大块头"行星，并且年龄不太大（可以通过中心恒星的年龄给出），应该在红外波段发出可观的辐射。但是，斯皮策空间望远镜（Spitzer Space Telescope， SST）的红外照相机没有探测到它，所以人们推测其质量很小。另外，行星会扰动碎屑盘的结构，而实际上并没有观测到这样的扰动，这也意味着北落师门 b 的质量很小，有工作甚至宣称它的质量比地球的质量还小。

2020 年发表于美国国家科学院院刊（Proceedings of the National Academy of Sciences of the United States of America, PNAS）的一篇论文称，自 2004 年以来，北落师门 b 变得越来越延展、越来越黯淡，以至于在 2014 年没有在预期出现的位置被观测到，并且其运动轨迹似乎处于逃逸轨道中。通过对望远镜仪器效应和碎屑盘中物理过程的细致建模，论文作者推断北落师门 b 其实不是行星，而是一团尘埃云。这团尘埃云由两个 100 千米量级的小行星碰撞产生。云团在中心恒星辐射压的驱动下逃逸，同

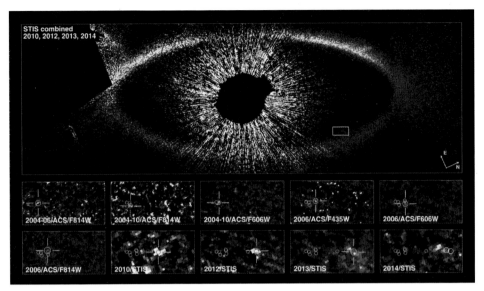

北落师门碎屑盘多个时期的观测图像 | 图源：参考资料 4

时因为碰撞造成的随机速度而膨胀。他们甚至推测碰撞发生在 2004 年第一次用哈勃望远镜观测的 39 天之前。这样精确的回溯不免让人惊讶，同时也显得颇为巧合。

如果这篇文章的结论正确，那么北落师门 b 由于不断膨胀和不断远离中心恒星，将变得越来越暗弱，以后恐怕再难直接探测到它了。北落师门这颗恒星周围是否就没有行星了呢？

这也是不一定的。北落师门 b 这团尘埃云的出现是由于小行星的碰撞。在稳定的碎屑盘中，这样的碰撞事件是很罕见的。但如果盘内存在行星，对恒星周围残余固体的运动造成扰动，就会大大提高碰撞的概率。所以北落师门周围可能还是存在行星，只是迄今还没有被观测到而已，未来通过更高灵敏度仪器的观测也许可以发现它。考虑到北落师门周围存在明显的碎屑盘，不存在行星反而是比较奇怪的。关于北落师门 b 从行星"降级"为尘埃云这一论断的可靠性，也需要更多的观测和分析来检验。

5. 系外行星

注释：

北落师门名称的由来

《史记·天官书》中记录道："其南有众星，曰羽林天军。军西为垒，或曰钺。旁有一大星为北落。北落若微亡，军星动角益希，及五星犯北落，入军，军起。"

《晋书·天文志》中也有记载："北落师门一星，在羽林西南。北者，宿在北方也；落，天之藩落也；师，众也；师门，犹军门也。长安域北门曰北落门，以象此也。主非常以候兵。有星守之，虏入塞中，兵起。"

"北落师门"的字面意义可以理解为"军营的北门"。虽然名字中带有"北"字，这颗星实际上是在天空中很靠南的方位。东西方古代天文学有一个方面类似，即都和占星术密切相关。与当代流行文化中的占星术往往关注个人命运不同，中国古代占星术为官方所用，关注的主要是军国大事。

至于中国古人记载的北落师门如何对应到现代的 Fomalhaut，或者更一般地，古人记载的星如何对应现代天文观测的星，这是天文学史方面的重要问题。由于北落师门是著名的亮星（在夜空恒星亮度中排第 18 位，不包括太阳），通过参照古籍中的描述，应该不难在当代的夜空中找到对应体。美国业余天文学家理查德·欣克利·艾伦（Richard Hinckley Allen）于 1899 年出版的 "Star Names and Their Meanings" 一书中已提到中国人称 Fomalhaut 为 "Pi Lo Sze Mun"。

参考资料：

[1] Fireflies Next to Spotlights: The Direct Imaging Method (https://www.planetary.org/explore/space-topics/exoplanets/direct-imaging.html)

[2] Confirmed Planets or Extended Planet Data (https://exoplanetarchive.ipac.caltech.edu/cgi-bin/TblView/nph-tblView?app=ExoTbls&config=PS)

[3] Optical Images of an Exosolar Planet 25 Light-Years from Earth (https://science.sciencemag.org/content/322/5906/1345)

[4] New HST data and modeling reveal a massive planetesimal collision around Fomalhaut (https://www.pnas.org/content/117/18/9712)

[5] A planetary system as the origin of structure in Fomalhaut's dust belt (https://www.nature.com/articles/nature03601)

[6] Infrared non-detection of Fomalhaut b: Implications for the planet interpretation (https://iopscience.iop.org/article/10.1088/0004-637X/747/2/116)

[7] Exoplanet Apparently Disappears in Latest Hubble Observations (https://www.nasa.gov/feature/goddard/2020/exoplanet-apparently-disappears-inlatest-hubble-observations)

[8] The Case of the Disappearing Exoplanet (https://www.nytimes.com/2020/04/20/science/fomalhaut-exoplanet-asteroid.html?smid=twnytimes science&smtyp=cur)

[9] The Wikipedia page of Fomalhaut (https://en.wikipedia.org/wiki/Fomalhaut)

[10] Perryman M. The exoplanet handbook[M]. Cambridge university press, 2018.

[11] Allen R H. Star-names and their meanings[M]. GE Stechert, 1899.

作者简介 **杜福君** 中国科学院紫金山天文台研究员。研究方向：原行星盘和星际介质的化学和演化。

5. 系外行星

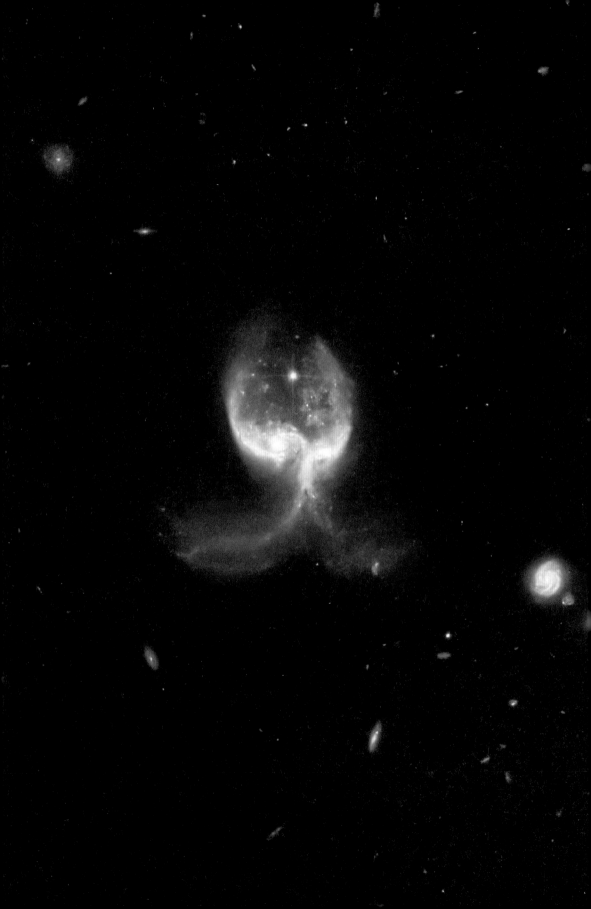

宇宙掠影

A GLIMPSE OF
THE UNIVERSE

人类对宇宙奥秘的探索，是一场关乎时空的不懈追寻。天文学的终极目标就是通过不同方面的探索，合力解锁关于宇宙及各类天体起源与演化奥秘的超级拼图。

6.1　计算机中的宇宙

幻想

曾凭借科幻小说《三体》夺得"雨果奖"最佳长篇小说奖的科幻作家刘慈欣，早年写过一篇发人深省的短篇作品：《镜子》。文中主要讲述了一种强大的计算机模拟技术：模拟整个宇宙的演化。承担模拟任务的是一台算力强大的"超弦计算机"，它可以模拟出不同参数的宇宙的创生及其以后发生的所有事情。

小说主人公误打误撞，将真实的宇宙模拟出来了。人类的过去和现在都暴露在计算机控制者的面前，世界终于透明下来，秘密无处躲藏。看似伟大的镜像时代消除了一切罪恶，人类文明却也因此走向衰亡……

现实

同刘慈欣的其他小说一样，《镜子》描写的"模拟宇宙演化"的技术，在现实中是有原型的，也就是本文所要介绍的宇宙学数值模拟。它起源于20世纪70年代，距今不过短短五十年时间，却已获得了长足的发展。

当然，小说描写的情形过于夸张了。就目前而言，即使是"神威·太湖之光"那样全球顶级的超算服务器，也只能解析到球状星团尺度，离人类世界差着十万八千里呢。

退一万步讲，就算将来有一天，我们真的在硬盘里找到了一个形似银河系的星系，并在其中发现了貌似太阳的恒星，也不会出现小说里的场景。因为宇宙中的恒星犹如恒河沙数，有参数相似的天体很正常。更何况多体系统的演化本就是混沌的，从技术上讲，若不能准确复原宇宙在暴胀结束后的初始涨落信息，人们就永远不能模拟真实的宇宙，而只能模拟某个"随机的天区"。

经过上面的介绍，想必读者已经了解了"幻想与现实的距离"。那么，真实的宇宙学数值模拟是如何实现的呢？伟大的法国数学家、天体力学家拉普拉斯曾将宇宙比喻为某种庞杂的机械系统，他认为，只要我们知道了它的初始条件和遵循的力学规律，一切物理过程都可以算出来。

"真实"的模拟

真实的宇宙学数值模拟与此类似。我们只需将某种随机生成的原初涨落输入模拟程序，然后点击运行，计算机就会按照时间顺序（一般是大爆炸后数千万年开始直到今天）有条不紊地输出所模拟宇宙区域的演化图景。

只是囿于计算机有限的算力，充斥模拟宇宙区域的并非真实物质，而是数以亿计的"粒子"或"网格"，这些假想的模拟对象在万有引力和流体作用的主导下运动，逐步构成星系、星系群、超星系团，乃至网状的大尺度结构。宇宙学数值模拟中的最大粒子数从 1970 年的一千多个发展到 2014 年的近万亿个，近似遵循计算机科学中的摩尔定律：计算性能每隔 18~24 个月提升一倍。

此外，根据模拟对象所遵循的运动方程的不同，模拟中的"粒子"或"网格"可分为三大类：气体，暗物质和恒星。你可以将它们视为真实宇宙中相应物质的"大块代表"。比如，宇宙学模拟程序中的一颗气体类型的"粒子"或"网格"可能代表了一片巨分子云，它同时受万有引力和流体方程的影响；一颗暗物质类型的粒子可能代表了一个小规模的暗物质晕，它只受万有引力的影响；一颗恒星类型的粒子则代表了一定质量的由气体类型的粒子演变过来的恒星群体，它也仅受万有引力影响。有些模拟还会把星系中央的气体粒子标记为黑洞类型的粒子，以表示它的中心有一颗超大质量黑洞，并附吸积盘、尘埃环等亚网格结构。

说到这儿，有的读者可能看明白了，所谓的宇宙学数值模拟，本质上是以牛顿万有引力和流体方程的数值解为基础的 N 体系统计算。毫无疑问，在模拟尺度不变的情况下，参与计算的粒子或网格数越多，模拟的分辨率也越高。

国际著名宇宙学模拟

〇 千禧年模拟

2005 年，德国马普天体物理研究所团队完成了著名的千禧年模拟（Millennium Simulation Project）。模拟区域的尺度为边长 500/h 兆秒差距的方盒（在共动坐标下约合 23 亿光年，其中 h 是以 100km/s/Mpc 为单位的哈勃常数），其中包含了 $2\,160^3$ 个暗物质粒子，也就是说它相当于模拟了由 100 亿个粒子所组成的多体系统的演化图景。

此后，千禧年模拟的规模又扩大到了惊人的 $5\,040^3$，力求再现含宇宙学常数的冷暗物质模型（ΛCold Dark Matter model，ΛCDM model）下星系的形成与演化过程，结合暗物质晕并合树、星系形成的半解析模型等手段，从统计学的意义上与巡天观测到的星系性质作对比，来检验当前的宇宙学理论，解释斯隆数字化巡天（Sloan Digital Sky Survey，SDSS）等巡天计划的结果，回答宇宙演化、暗物质与暗能量的性质等基本的天文学问题。

千禧年模拟的宣传海报
其中紫色的网状结构便是模拟所得的宇宙大尺度结构，通过逐级放大和拉近，可以看到其中一个巨大的暗物质晕及其丰富的子结构。而星系尺度比最后一幅图中最小的子结构还要小
| 图源：Millennium Simulation Project

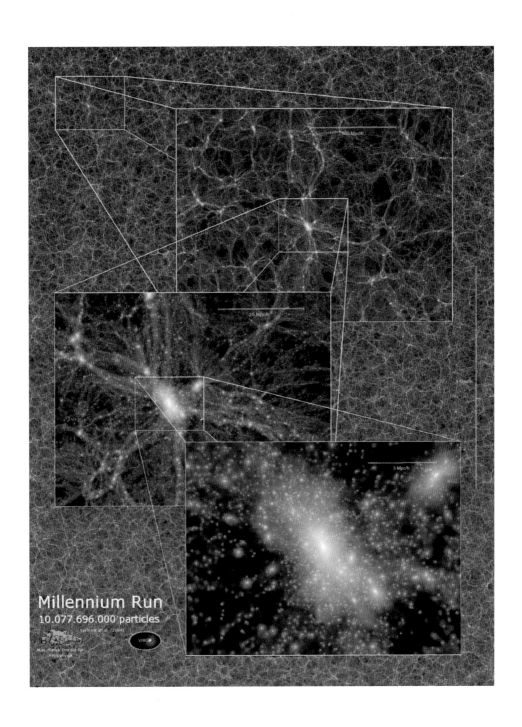

Millennium Run
10.077.696.000 particles

6.宇宙掠影

○ 老鹰模拟

2014 年，荷兰莱顿大学团队完成的老鹰模拟（Eagle Project）是另一项复杂的宇宙学数值模拟项目，其中不仅包含了约 34 亿个暗物质粒子以模拟暗物质晕的形成，还包含了同等数目的气体粒子，及其所生成的恒星和黑洞。

相较于千禧年模拟，老鹰模拟添加了许多重子物理过程，比较重要的有：气体粒子的冷却、紫外光子对气体的加热、恒星形成、星风反馈、超新星反馈、活动星系核（Active Galactic Nucleus，AGN）反馈、黑洞的吸积与并合等等。老鹰模拟中还找到了与哈勃星系演化序列相对应的模拟星系样本，这无疑是宇宙学数值模拟所取得的一项令人瞩目的成就。

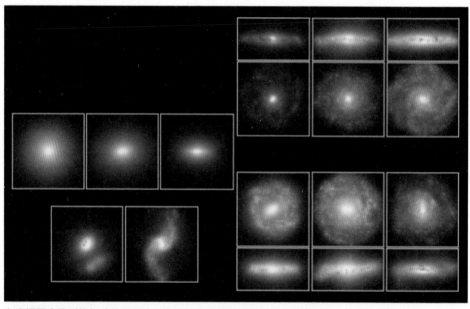

老鹰模拟中找到的与哈勃星系演化序列对应的模拟星系样本 | 图源：Eagle Project

我国的宇宙学数值模拟

我国的宇宙学数值模拟起步于 20 世纪末。2000 年，上海天文台团队率先在国内开展了 N 体数值模拟研究，并完成了一组粒子数为 512^3（约1.3 亿个暗物质粒子），边长为 4.7 亿光年的模拟，是当时国际上分辨率最高的宇宙学数值模拟。国家天文台团队在 2009 年开展了代号为"凤凰"（Phoenix）的高精度星系团模拟，其中的单个星系团粒子数达到了千万量级，也是当时同类模拟中精度较高的。此外，紫金山天文台团队利用 WIGEON 程序开展了最早的流体数值模拟，但是其中并没有包含星系形成等关键物理过程。

○ "盘古计划"

2010 年，由紫金山天文台、国家天文台、上海天文台、中科院计算机网络信息中心的中青年学者组成的合作研究团队——中国计算宇宙学联盟（Computational Cosmology Consortium of China, C4）发起了一个大型宇宙学数值模拟计划，简称"盘古计划"。该计划旨在依托我国自主研发的联想深腾 7 000 超级计算机，细致解析暗物质和暗能量主

盘古模拟产生的宇宙大尺度结构图
| 图源：紫金山天文台

导的宇宙中的结构形成。盘古模拟借助近 300 亿个粒子，再现了边长约 45 亿光年的宇宙区域内暗物质分布的演变，是当时同等尺度上规模最大、精度最高的数值模拟。

○ ELUCID 模拟

2014 年，上海交通大学物理与天文系团队发起 ELUCID（Exploring

the Local Universe with reConstructedInitial Density field）模拟计划，利用一套独立开发的算法，精确重构了近邻宇宙原始密度场的扰动幅度和相位，并且借助 290 亿个粒子计算了边长约 22 亿光年的近邻宇宙区域内的暗物质分布，其中甚至可以再现本星系群和室女座星系团的相对位置。可以说是最接近刘慈欣科幻小说设定的宇宙学模拟。

○ "你好"模拟

2014 年，紫金山天文台与德国马普天文研究所（Max Planck Institude for Astronomy, MPIA）合作开展"你好"模拟（Numerical Investigation of a Hundred Astrophysical Objects, NIHAO），是近年来国际上比较有影响力的宇宙学流体数值模拟

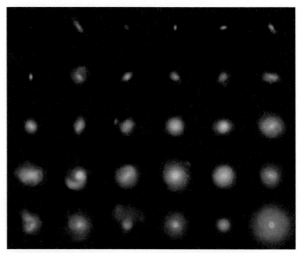

NIHAO 模拟所获得的部分盘星系的模拟光学图像
| 图源：紫金山天文台

项目之一。同千禧年模拟或老鹰模拟不同的是，NIHAO 模拟从大尺度环境中挑选了一百个有代表性的盘状星系样本，对其初始状态扩充粒子数后做详细的模拟，从而在更高的分辨率上研究星系的形成与演化细节。这对于大尺度的宇宙学数值模拟是一个有益的补充，也是将来探索星系周介质的性质，揭开重子物质失踪之谜的理论武器。

除了上文提及的模拟项目，国内外其他比较著名的宇宙学模拟还有 FIRE（Feedback In Realistic Environments）模拟、Eris 模拟、Illustris 模拟、Illustris TNG 模拟、MultiDark 模拟以及发展而来的三百计划（threeHundred）等等，限于篇幅不在这里一一介绍。总之，在计算机

技术蓬勃发展的今天，宇宙学数值模拟无论是规模还是复杂度上，都与其诞生之初不可同日而语。

长路漫漫

但是，揭开表面的一片繁荣，我们不难发现同 20 世纪八九十年代相比，宇宙学模拟确实步入了一个研究的瓶颈期。这一方面是学科发展的普遍规律：容易的问题早就研究透了，剩下的都是难啃的骨头；另一方面则是理论与观测的错位。

例如，虽然在现代的大规模模拟中能使用数以万亿的粒子或网格，却依然不能解析到分子气体或者超大质量黑洞核心区域的物理过程，因而无法精确描述恒星形成或者活动星系核在星系形成过程中的能量反馈。这就需要研究者引入简化的唯象模型。这些唯象模型背后的物理机制各不相同，却都能通过调节模型参数给出不错的结果。其中究竟有多少真实的物理过程，又有多少人为的因素，只有巡天观测能给出解答。但是，现阶段的观测能力恰恰很难区分各模型孰是孰非。

值得庆幸的是，一批正在开展或即将上马的大型观测项目，例如多信使的引力波探测、韦布太空望远镜（JWST）、事件视界望远镜（EHT）、"中国天眼"500 米口径球面射电望远镜（FAST）、宇宙热重子探寻计划（Hot Universe Baryon Surveyor, HUBS）卫星等等，将有可能帮助天文学家澄清许多星系宇宙学方面悬而未决的难题。若辅以大规模宇宙学数值模拟，我们对星系形成的认知必将迎来一场深刻的变革。

作者简介 **陈厚尊** 中国科学院紫金山天文台博士研究生。研究方向：宇宙结构形成数值模拟。

6.2　奥伯斯佯谬与现代宇宙学

奥伯斯佯谬 (Olbers' paradox)
由德国天文学家奥伯斯 (Heinrich
Olbers) 于 19 世纪 20 年代提出。内
容大致为：如果宇宙是静止、均匀和
无限的，那么夜晚的天空应该和白天
一样"光鲜亮丽"。

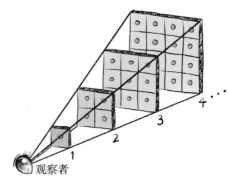

奥伯斯佯谬示意图　|图源：紫金山天文台

什么是奥伯斯佯谬？

图中的 1、2、3、4 区域，都分布着一些发光的天体。这些天体离我们
很远，发出的光需要很长时间才能到达地球。如果宇宙在时间上向前、向后
都是无限的，那么这些天体发出的光一定会传播到地球上来。当然 4 区域的
天体因为离得远，看起来会更加暗淡一些。但是 4 区域的光源数目比 1 区
域多，数量上的增加刚好能抵消因距离增加所带来光亮度的衰减，所以 4 区
域和 1 区域能发射同样多的光照到地球上来。又因为宇宙是无限大的，宇宙
所有地方发出的光最终都会照到地球上。于是地球上也就没有了白天与黑夜，
永远都是"亮堂堂"的。

谬在何处？

但是我们实际看到的黑夜"伸手不见五指"，这说明"宇宙是静止、均
匀和无限的"三个基本假设是有问题的，至少有一个是不对的。到底哪几个
出了问题呢？

物理学上有一个现象叫多普勒效应：运动物体发出的波的频率和观测者

与波源间的相对运动情况有关。如果观测者和波源相互靠近，那么波长会变短，频率会变大；如果观测者和波源相互远离，那么波长变长，频率变小。以电磁波中的可见光为例，因为红光波长较长，蓝光波长较短，由多普勒效应造成光线波长变长、光线的颜色往红光一端靠近的现象叫作多普勒红移，波长变短、光线颜色往蓝光一端移动的现象叫作多普勒蓝移。20 世纪 20 年代美国天文学家哈勃（Edwin Powell Hubble）发现除了少数几个临近的星系，所有的星系发出的光都向红端移动。这说明星系都在远离我们，而且离我们越远，远离的速度越大。这个现象叫"哈勃－勒梅特定律"（hubble lema↑tre law）。

宇宙有边吗？

哈勃的发现说明宇宙是膨胀的，而且通过对膨胀速度的进一步测量，科学家们发现宇宙是在加速膨胀的。那么逆着时间的方向向回看，宇宙在越早期就越小，也就是说宇宙是由小到大，不断"成长"起来的。宇宙有一个时间上的起点，光的传播速度又是一定的，那么我们可观测的宇宙的范围就是有限的。

所以出问题的是"宇宙是静止、无限的"这两个假设。"哈勃 － 勒梅特定律"的发现，证实了宇宙是在膨胀的。第三个假设"宇宙是无限的"，有两层含义，一个是时间上是无限的，另一个是空间上是无限的。空间上的无限是没问题的，问题出在时间的无限上。

如果宇宙有一个寿命，那么奥伯斯佯谬就好理解了。因为光的速度是有限的，为每秒钟 30 万千米。

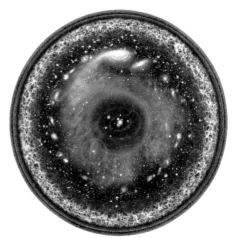

可观测宇宙的范围 | 图源：Wikipedia/
Pablo Carlos Budassi

遥远宇宙的天体因为距离太过遥远，它发出的光还未到达地球。也就是说我们可见的宇宙是有边际的，存在一个所谓"宇宙视界"。地球上的黑夜，也就可以不那么亮了。当然事情还要更复杂一点。我们现在看到的遥远的天体，其实是这个天体很早以前发的光。我们可见宇宙的边际，其实就是宇宙起点的遗迹。

人类对静态宇宙学的坚持是非常顽固的。爱因斯坦为了消除广义相对论的膨胀宇宙解，在理论中人为引入了宇宙学常数，宇宙学常数的问题非常具有戏剧性，限于篇幅我们暂且不表。在大爆炸宇宙学发展的初期，还有一个称为"稳恒态宇宙学"的模型和它竞争。这种对抗持续了多年，"稳恒态宇宙学"模型最终惨败。人类青睐静态宇宙的一个原因可能是这种理论和日常的感受一致，另一个原因可能是静态宇宙学模型能给我们带来安全感。

宇宙的归宿为何？

事实上大爆炸宇宙学模型给出的宇宙未来确实是令人悲观和沮丧的。如果宇宙无限加速膨胀，膨胀速度越来越快的话，将会撕裂星系，恒星，甚至是原子。在这种大撕裂宇宙学模型中，宇宙里的物质都将解体，最终只剩下非常"冷"的基本粒子像幽灵一样在宇宙中游荡。当然这样的图像不是必然会发生的，至于宇宙的归宿如何，还需要进一步的研究。

现代宇宙学的研究始于广义相对论和哈勃定律的发现，经过人类近百年的努力，已经成为一门严谨而成熟的学科。我们已经基本搞清楚了宇宙从起源到尽头的演化历史，也基本搞清楚了宇宙的物质构成。我们对宇宙的认识和一百年前相比，已经有了翻天覆地的变化。

作者简介 **冯磊** 紫金山天文台副研究员。研究方向：粒子宇宙学和暗物质间接探测。

6.3　时间真的有尽头吗

2020 年七夕节上映的影片《我在时间尽头等你》讲述了男主林格一次次重启时空，只为与恋人邱倩再次相遇的故事。一生只爱一个人，希望开头是你，结尾也是你，七夕最深情的告白，就像这部电影的名字，我在时间尽头等你。

不过，你可曾仔细想过，时间是否真的有尽头？时空又是否真的能够一次次重启呢？

奇点

根据爱因斯坦的广义相对论——迄今对宇宙时空最理想的表述，唯一能让时空终止的就是所谓"奇点"（singularity）。它是一个体积无限小、密度无限大、引力无限大、时空曲率无限大的点。在这个点，目前所知的物理定律不再适用。根据广义相对论，宇宙大爆炸发生在 138 亿年前，也就是说宇宙现在的年龄是 138 亿岁。而在此之前，宇宙的初始状态就是一个"奇点"，没有时间，也没有空间，时间和空间都毫无意义。即使广义相对论本身也会在奇异点处失效。

你也许会说，这太难理解了！没错，因为"奇点"本是一个数学概念，很难从物理上去"理解"。

尽头

根据上文的描述，时间的尽头就是要让宇宙再回到一个"奇点"。这是有可能的吗？

在回答这个问题之前，我们有必要了解一下笼罩在 21 世纪物理学天空的两朵"乌云"——暗物质和暗能量。关于它们的本质，我们知之甚少，但是越来越清楚的是，它们对我们的宇宙至关重要。可以说，暗物质"成就"了宇宙的过去，星系和大尺度结构的形成都离不开暗物质；而暗能量则"掌控"着宇宙的未来，宇宙的命运如何完全取决于暗能量。

了解暗能量的本质关乎我们对宇宙命运的认知：如果它渐渐变弱，宇宙可能终结于大挤压（Big Crunch），重回"奇点"（约历时千亿年），这样的宇宙形状像个球面，称为闭合宇宙；如果它无止境地"蒸蒸日上"，则有可能引发大撕裂（Big Rip），届时所有的物质将全部以最基本粒子的形式存在，是另一种"奇点"（历时几百亿年）；如果暗能量一直较为稳定地存在，宇宙将归于热寂（heat death），即大冻结（Big Freeze），这样的宇宙的几何形状像个马鞍，称为开放宇宙。

宇宙学标准模型中，暗能量充斥着整个宇宙，并推动宇宙加速膨胀。目前的观测宇宙学已基本达成一个广泛的共识：宇宙正处于膨胀状态，而且是加速膨胀，如果这种膨胀一直持续下去的话，宇宙中所有天体都会被"撕碎"，最终进入大冻结状态。据已知的理论推算，大约 10^{100}，即 1 古戈尔（googol）

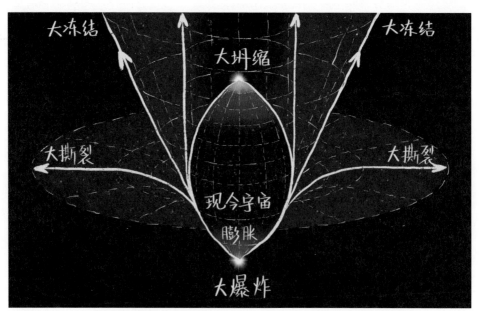

大爆炸学说下宇宙的三种可能命运：大坍缩、大撕裂、大冻结 ｜图源：紫金山天文台

年后，我们的宇宙将不再形成新的恒星。

最新的研究结果依旧支持标准宇宙学模型。宇宙按照爱因斯坦广义相对论演化，是空间平坦的，除了构成恒星、星系等的普通物质（占宇宙总质量的5%），还包括虽不可见，但具有引力效应的暗物质（约占27%），以及可观测但本质未知的神奇的暗能量（约占68%）。

熵

为了更好地理解，我们再小心翼翼地引入一个概念，熵。

宇宙万物趋于变得越来越无序，而熵正是物理学家用来衡量无序程度的量。"孤立系统的熵值永不减少"是"热力学第二定律"的一种表述。如果我们所在的宇宙是一个与外界既没有物质交换也没有能量交换的所谓"孤立系统"，那它的熵一定是不减的。熵的概念可以帮助我们理解宇宙各个层次的演化，它为我们提供了时间轴的方向，而熵总是朝着增加的方向发展。

随着最后一颗黑矮星的消逝，整个宇宙连哪怕一颗原子都不会留下，成群的黑洞在一阵"弱肉强食"的狂乱之后，最终也会通过霍金辐射蒸发殆尽。随着熵的继续增加，整个宇宙变得寒冷、黑暗……趋于绝对零度。彼时，时间已失去意义，宇宙终于永恒。熵最终停止增加，因为宇宙中不会再发生任何事件。

重启

接下来，一个问题自然就是，宇宙可以重启吗？一个宇宙的终结难道不应该是一个新宇宙的开始吗？

有人推测，也许有机会在熵消灭一切之前来个胜利大逃亡，离开这个宇宙。然后，创造一个模拟中的宇宙，能量足够的话，新宇宙甚至可以和我们现在的宇宙一模一样。

关于宇宙归宿的理论有很多，物理学家们甚至越来越相信，在我们的宇宙之外应该还有多重宇宙，每个宇宙都恪守它们独一无二的物理规律，或宜居、或坍缩、或撕裂，还有很多则远超出我们的想象力。

人类对宇宙命运的认识也在不断更新。新的观点不断涌现，但是如何接受观测的检验有时会成为困扰。最新的一项研究认为，宇宙的最后一缕微光并非来自黑洞的蒸发，而是来自黑矮星超新星爆发：黑矮星会继续演化，甚至会出现一种另类的超新星爆发。第一颗黑矮星超新星将会在 $10^{1\,001}$ 年后爆发，而最后一颗黑矮星则要坚守到 $10^{32\,000}$ 年才会爆发，同时会发出整个宇宙的最后一缕微光。

时间是否真的有尽头？宇宙真的可以重启吗？这些都是关于宇宙命运的终极秘密。人类对这些秘密的认知还在路上，而且可能会永远在路上……对于急着想知道宇宙终极命运的人，最好的回答就是伊萨克·阿西莫夫（Issac Asimov）《最后的问题》(The Last Question) 中的那句经典"资料不足，无可奉告"。

而现在，我们大可不必再为 $10^{32\,000}$ 年后的事纠结。不管时间有没有尽头，"我在时间尽头等你"都不失为七夕最深情的告白。

辛巴 中国科学院紫金山天文台研究员。

6.4 HeH⁺: 宇宙黑暗时期的微光？

2019 年 4 月，《自然》杂志上的一篇论文引起了不小的轰动，天文学家在 3 000 光年外的一片行星状星云中首次探测到了来自星际 HeH⁺ 的信号。那么，这个号称"最强酸"并被理论预测为"宇宙最早化学键"的离子究竟有何神奇之处呢？

HeH⁺ 是什么？

氢 (H) 和氦 (He) 是宇宙中含量最高的两种元素，然而 HeH⁺ 离子对很多人来说可能还是第一次听说。HeH⁺ 的英文名是 helium hydride ion，中文可读作氦合氢离子。

可以把 HeH⁺ 想象为一个带正电的氢原子核（就是质子）吸附了一个中性的氦原子。就像我们从小玩过的"丝绸摩擦过的玻璃棒"可以吸附小纸屑一样，带电离子可以让中性原子里原本对称分布的正负电荷略微分开产生偶极矩，从而吸附到一起。除了这种静电吸引之外，通过共用电子对形成的共价键对 HeH⁺ 结构的稳定贡献也更大。

1925 年，两位化学家霍格内斯（Hogness）和伦恩（Lunn）首先在实验室中用电子束轰击氢氦混合物的方法制备出了 HeH⁺ 离子。量子力学计算表明，除了 HeH⁺ 以外，HeH_2^+、He_2H^+ 等也可以在不受外界干扰的环境下稳定存在。

○宇宙最强酸？

由于氦原子本身化学性质极不活跃，它对于外来质子的吸附是"极不情愿"的，或者说 HeH⁺ 非常愿意失去这个质子。根据"酸碱质子理论"，一种物质给出质子的能力越强，其酸性就越强，而 HeH⁺ 是所有物质中最容易失去质子的，因此被人们称为已知"最强酸"。

不过，因为 HeH⁺ 这个"酸"只能存在于电离气体中，很难大量生产并存储起来，因为它一旦与其他物质接触就会很快发生化学反应，HeH⁺ 自身便不复存在了。所以"最强酸"的头衔意义不大。

HeH⁺ 有较高的电偶极矩，这意味着其辐射速率较快，因此如果一团气体中 HeH⁺ 的含量够高，将影响其光谱形态和冷却速率。另外，HeH⁺ 形成过程本身也伴随着能量释放，所以 20 世纪 60 年代天文学家开始关注 HeH⁺ 在星际空间的存在。

○宇宙早期历史和宇宙最早化学键

HeH⁺ 还有另外一个头衔是宇宙最早化学键。为了理解这一头衔，我们不妨回顾一下早期宇宙的历史。

宇宙的热历史和黑暗时期

宇宙演化的极早期经历过一个极快的暴胀阶段。此后，极热、极密的宇宙随着膨胀不断冷却。

在宇宙年龄大约 1 秒时，中微子基本不再与其他物质发生相互作用，从此在宇宙中自由传播，形成宇宙中微子背景。

1 至 10 秒期间，电子和正电子湮灭，留下少部分我们熟悉的带负电的电子。

之后的几分钟内，最简单的元素形成，包括氢、氦、锂及其同位素（其他更重的元素要靠恒星内部核合成以及中子星碰撞等过程产生），此时宇宙仍然处于超过千万度的高温状态。

约 10 万年时，氦元素基本上完全变成氦原子。

约 40 万年时，宇宙的温度降低到数千度，氢也基本上完全变成氢原子。光子不再能电离这些原子，这被称为光子退耦时期或复合时期。

此后光子的频率随着宇宙的膨胀不断降低，变得光学不可见，所以这个时期被称为黑暗时期。穿越黑暗时期的光子经过上百亿年到达太阳系被人类的望远镜探测到，便是宇宙微波背景辐射。

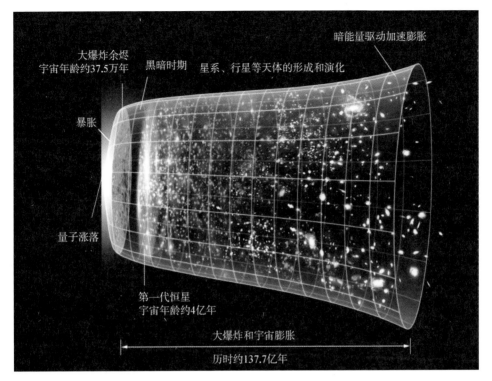

图中文字：
暗能量驱动加速膨胀

大爆炸余烬
宇宙年龄约37.5万年

黑暗时期

星系、行星等天体的形成和演化

暴胀

量子涨落

第一代恒星
宇宙年龄约4亿年

大爆炸和宇宙膨胀

历时约137.7亿年

宇宙演化历史 | 图源：NASA

黑暗时期持续数亿年，随着第一代恒星和星系的形成而结束。来自恒星和星系的高能光子让星系间的物质电离，这被称为再电离时期。

再过近百亿年，宇宙进入暗能量主导的加速膨胀阶段。

化学的黎明和最早的化学键

漫长的黑暗时期除了越来越暗冷稀薄、宇宙的大尺度结构在这期间生长隐现之外，似乎没有什么值得一提的。然而正是在这百无聊赖的黑暗时期，一些化学过程在温和的环境下悄悄地发生。因此，这一时期又称为化学的黎明。如果没有这些化学过程，之后的恒星和星系形成可能会受到很大影响，黑暗时期的终结过程也会不一样。

光子退耦之后，虽然绝大部分氢元素和氦元素都以中性原子的形式存在，但由于宇宙随着膨胀变得越来越稀薄，会存在少量来不及与电子结合形成原

6. 宇宙掠影

子的离子。特别是氢，它抓电子的能力不如氦强。根据理论计算，再电离发生之前，有大约万分之一的氢核以质子的形式存在，而此时氦离子只是氦原子的约十万亿亿分之一。

由于氦元素最先变成原子，而在那时大部分氢元素还以质子形式存在，所以最先发生的化学反应是 $H^+ + He \rightarrow HeH^+ + h\nu$，即质子与氦原子结合形成 HeH^+，这便是 HeH^+ 被称为"第一个化学键"或"第一个分子"的原因。

HeH^+ 的领先优势持续时间并不长。随着氢原子的形成，$H^+ + H \rightarrow H_2^+ + h\nu$ 这一反应也快速跟上，形成 H_2^+ 分子，并导致氢分子 H_2 的形成：$H_2^+ + H \rightarrow H_2 + H^+$。一同形成的还有 HD、$H_3^+$、$H_2D^+$、LiH 等分子，不过丰度最高的还是氢分子，毕竟氢元素丰度最高。氢分子也可通过 $H + e \rightarrow H^- + h\nu$ 和 $H^- + H \rightarrow H_2 + e$ 形成。

由于氢分子的存在，当气体由于局部不均匀性造成的引力增强而收缩时，引力能转换成的热能可以被较快地通过辐射耗散出去，从而让塌缩过程可以持续下去，形成第一代恒星。这些恒星发出的光是黑暗时期终结的原因之一。

HeH^+ 来自哪里？

既然理论预期在宇宙早期 HeH^+ 会有较高丰度，人们自然会试图从来自宇宙早期的信号中搜寻这个分子。2011 年有人曾在一个宇宙年龄约 7 亿年的类星体光谱中观测到 HeH^+ 存在的迹象，但置信度不高，还需要进一步观测检验。

由于氢元素和氦元素在宇宙中丰度很高，理论预期，HeH^+ 除了在宇宙早期，还应该可以在近邻的星际云和恒星大气中合成。本次发现的星际 HeH^+ 信号就是来自一个距离我们 3 000 光年的行星状星云 NGC 7027，而非来自宇宙早期。

行星状星云是中等质量恒星晚期演化的一个过渡阶段，这类天体最大的特点就是——它们和行星没有任何关系，只是因为在早期的低分辨率望远镜中看起来有点像行星而得名的。行星状星云因物理条件类似于早期宇宙而成

紫微
星语

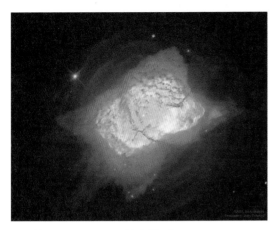

行星状星云 NGC 7027 的哈勃图像
| 图源：APOD, NASA

为搜寻HeH⁺的理想候选天体。

通过结合 NGC 7027 行星状星云的物理环境和化学演化进行模拟，可以计算出 HeH⁺ 的丰度和预期的观测强度，通过与观测数据比较，可以反过来限制化学反应的速率参数。研究人员发现，在 NGC 7027 中决定 HeH⁺ 含量的主要化学反应是 H+He⁺ → HeH⁺+hν，而不是宇宙早期的 H⁺+He → HeH⁺+hν。本次发现印证了控制 HeH⁺ 形成的化学反应网络的可靠性，特别是相关的辐射复合和解离复合反应的速率。

HeH⁺ 是如何被探测到的？

○太赫兹指纹谱

天文研究中，对分子的探测绝大部分依赖于分子的光谱。不同分子的光谱不同，因此光谱可作为独一无二的身份标识，就像人类的指纹一样。

如今在星际空间已探测到超过两百种分子，大部分通过转动光谱探测到。本次对HeH⁺的探测也是基于其最低频率的转动光谱。HeH⁺是一个"小且轻"的分子，最低的转动跃迁的频率是 2.01 太赫兹 (THz，1 THz = 10^{12}Hz)，对应的波长为 149.1 微米，属于远红外波段。

然而要探测到这条谱线可绝非易事，需要实现多方面的技术突破。这也是为什么近半个世纪前就预计存在于星际空间的 HeH⁺ 到现在才被探测到。

○突破大气层的阻挡

地球大气层会强烈吸收太赫兹电磁波。要实现对 2.01 太赫兹处 HeH⁺

谱线微弱信号的有效探测，必须突破大气层的阻挡。要么去太空，要么通过机载望远镜飞到万米高空进行观测。

本次发现 HeH⁺ 踪迹所用的平流层红外天文台 (Stratospheric Observatory for Infrared Astronomy，SOFIA) 就是为这样的观测量身定制的机载望远镜。镜面有效口径 2.5 米，由一种热膨胀系数极小的玻璃 - 陶瓷材料制成，重约 900 千克，装在一架美国提供的特制波音 747SP 运载飞机上。

SOFIA 的飞行高度是 11.3 至 13.7 千米，略高于普通民航的飞行高度。在这样的平流层高度，99% 的大气都在脚下，因此大气透过率远高于地面，在 2 太赫兹可达 90% 左右。机载望远镜的另一个好处是，可以为了特定科学目标灵活更换安装在望远镜上的接收设备。

SOFIA 机载望远镜 | 图源：NASA

○超导热电子混频器技术

这次发现 HeH⁺ 所用的太赫兹接收机 upGREAT 采用了一种叫作超导热电子混频器（Superconducting Hot Electron Bolometer Mixer，

HEB）的关键技术。HEB 由俄罗斯莫斯科师范大学科研人员于 1990 年提出并首先发展起来，是一种基于强非线性电阻 − 温度效应的高灵敏度外差混频技术。比起基于超导 SIS 隧道结的外差混频技术，其最大的优势波段在于 1 太赫兹以上的高频段。

在过去的十多年中，超导 HEB 混频器的接收机噪声温度已全面突破 10 倍量子极限，个别频率点突破了 5 倍量子极限，成为 1 太赫兹以上灵敏度最高的谱线探测器，并已被成功应用于太赫兹天文观测，如赫歇尔空间天文台（Herschel Space Observatory, HSO）等。可以说，HEB 是目前唯一可以实现 HeH^+ 谱线超高频谱分辨率探测的混频器技术。upGREAT 由德国马普射电天文所和科隆大学联合研制，负责人居斯滕就是本次发现 HeH^+ 的论文的第一作者。

超高频谱分辨本领

其实早在 1997 年，天文学家就利用 ISO 卫星的数据在 NGC 7027 行星状星云中尝试搜寻过 HeH^+ 分子，并在 2.01 太赫兹附近探测到了谱线发射信号。但是，由于 NGC 7027 行星状星云中的 CH 分子的两组谱线和 HeH^+ 的谱线分别仅相隔 0.04 微米和 0.3 微米，而当时 ISO 频谱仪的波长分辨率为 0.6 微米，无法分辨，只能结合 CH 分子在其他频率谱线的强度估计出 HeH^+ 谱线强度的上限。

本次观测的频谱分辨率达到了惊人的 0.000 015 微米（平滑降噪后为 0.001 8 微米），使得从所观测的光谱中明确分辨出来自 HeH^+ 的信号成为可能。

黑暗时期的微光

这次对 HeH^+ 的探测来自距离我们 3 000 光年的行星状星云，而之前在高红移类星体中的探测尚未得到确认。对早期宇宙化学的计算表明黑暗时期 HeH$^+$ 的丰度可达 10^{-15}。虽然不管按照什么标准这都是一个极低的丰度，但考虑到来自早期宇宙的光线在抵达地球之前经过了极其漫长的路程，在这路程上穿越的 HeH$^+$ 是否能产生可观测的效应？

已经有人做了这方面的计算，发现 HeH$^+$ 对于宇宙背景辐射光子的散射作用可以导致在 30 吉赫（GHz）至 300 吉赫的频段内的功率谱产生 10^{-8} 量级的改变。这是一个非常微弱的效应。在可预见的将来，是否能观测到这一效应？这个效应对认识宇宙演化又意味着什么？这些都有待天文学家们进一步探索。

作者简介

杜福君　中国科学院紫金山天文台研究员。研究方向：原行星盘和星际介质的化学和演化。

缪巍　中国科学院紫金山天文台研究员。研究方向：太赫兹超导热电子混频器技术（HEB）和超导相变边缘探测器技术（TES）。

6.5 星系——宇宙中的岛屿

晴朗的夏夜，人们抬头就可以看到一条云雾状的巨大光带横跨夜空，这就是银河。我们赖以生存的太阳，只是银河系上千亿颗恒星中的普通一员。而银河系之外，还有数不清的星系，像岛屿一样点缀着浩瀚的宇宙。这里，我们来了解一下银河系之外的星系（以下简称河外星系）。

仙女座大星系 M31 | 图源：NASA and Robert Gendler

河外星系是怎么被发现的？

早在 17 世纪，天文学家就发现，浩瀚夜空中除了点状的恒星之外，还有一些外形不太规则的云雾状天体。天文学家当时并不了解这些天体的构成是什么，所以将它们笼统称为"星云"。18世纪，德国的哲学家康德提出猜想，认为这些星云是类似我们银河系的庞大恒星系统，并指出仙女座星云就是这样的一个河外星系。然而，当时没有任何可靠的方法来测定这些星云的距离，观测精度也不足以分辨出星云的组成物质中究竟有没有恒星，因此这个猜想迟迟得不到证实。

星云的本质是什么？关于这个问题的争论持续了一百多年。1920年，美国科学院举办了一次专题辩论会。会议上，著名天文学家柯蒂斯（Heber D. Curtis）和沙普利（Harlow Shapley）对星云的本质各抒己见，展开了激烈的辩论，最终也未能给出结论。

解决这个问题的关键在于星云距离的测量。如果星云的距离远远大于银河系的尺度，而且又可以分辨出其中的恒星，那么就可以肯定它们是河外星系。

1923年，年轻的天文学家哈勃将当时世界最大的2.54米口径望远镜对准了仙女座星云。在观测到的高分辨率图像上，哈勃发现仙女座星云的边缘可以分解为一颗颗恒星。哈勃利用其中的一类特殊恒星（造父变星）的光变数据进行了详细的计算，发现这些恒星离我们的距离超过100万光年，显著大于银河系尺度（约30万光年），证实了仙女座星云不可能是银河系内的天体。至此，河外星系的存在才被观测证实，哈勃的名字也因为这个伟大发现而变得家喻户晓。后来，哈勃陆续对其他星云进行了观测。他发现，只有部分星云距离我们足够远，是真正的河外星系。其他星云则仍是银河系内的天体，如星团、气体云、超新星遗迹等。

哈勃在观测深空 | 图源：卡内基科学研究所（Carnegie Institution of Science）

河外星系距离地球多远

对于离地球比较近的河外星系，比如仙女座星云，天文学家还可以利用其中的造父变星的周光关系，得到它们和地球之间的距离。但是对于太遥远的星系，即使利用目前最高分辨率的望远镜，也无法分辨出其中的单颗恒星，经典的造父变星测距法也就无能为力了。天文学家想要测量出这些星系的距离，必须另辟蹊径。

哈勃（对，又是他！）在 1929 年发现，星系的退行速度和星系与我们的距离成正比。换句话说，离我们越远的星系，便会以越大的速度远离我们。如今，科学家知道星系退行是宇宙膨胀的结果。在实测中，星系的退行速度由星系的红移来计算。如一个天体背离观测者运动，则观测者接收到此天体发出的光，会比它相对观测者静止时波长更长，这种观测效应叫作红移。红移越大的天体，它的退行速度也越大，距离地球也越遥远。利用星系的红移结合宇宙学模型，可以计算星系到观测者的距离。这是目前使用最广泛的河外星系测距方式。

截至 2016 年，已知最遥远的星系是由哈勃空间望远镜发现的。该星系距离地球 133 亿光年，红移值高达 11.1，距离大爆炸发生约 4 亿年。2021 年 12 月 25 日，下一代空间望远镜韦布望远镜发射升空，该项记录也有望得到更新。

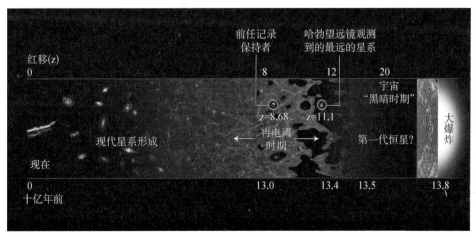

观测到的河外星系 | 图源：NASA, ESA, and A. Feild (STScI)

6. 宇宙掠影

银河系有多少邻居

银河系和它的邻居们（目前发现超过 50 个）组成了一个星系群体，称为"本星系群"。本星系群的尺度覆盖约 1 000 万光年的区域，其中最大的星系是仙女座星系 M31，排行老二的是银河系。大麦哲伦云和小麦哲伦云也是本星系群中比较著名的两个星系，但是比起上面提到的两位大佬，它们的个头要小得多。这些小弟弟、小妹妹们的形态大多不太规则，离人们印象中经典的盘状或旋涡状星系相去甚远。

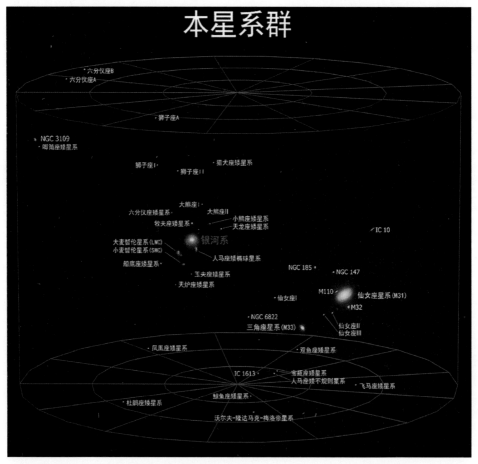

本星系群成员的三维分布 | 图源：Andrew Z. Colvin

本星系群为研究星系的物理性质，以及它们的"邻里关系"提供了一个极佳的实验室。因此，对本星系群进行更加细致的观测，搜寻更暗弱的成员星系，就显得尤为重要。紫金山天文台和中国科学技术大学共建的2.5 米口径大视场巡天望远镜（Wide Field Survey Telescope, WFST），拥有 7 平方度的大视场和超强的巡天能力，三天就能够将北天区观测一遍，观测深度比已有的光学巡天望远镜深两倍，是搜寻本星系群暗弱成员的利器。这架计划建在青海的望远镜

紫金山天文台－中国科学技术大学2.5 米大视场光学巡天望远镜概念图 | 图源：紫金山天文台

目前正在建设当中，预计于 2022 年完工，2023 年开始观测。它的加入必将使我国在本星系群和近邻宇宙结构研究领域迈上一个新台阶。

星系在宇宙中是如何分布的

现代宇宙学认为，宇宙由大约 5% 的普通物质，27% 的暗物质和 68% 的暗能量构成。暗物质和暗能量是什么，这里暂且按下不表。剩下那 5% 的普通物质，则主要分布在星系以及它们周边稀薄的星际介质当中。假设普通物质和暗物质成协（即有一团普通物质的地方，也会有一团暗物质），那么只要知道宇宙中星系的分布，就能够推断出宇宙物质分布的大抵情况。这是宇宙学家们研究宇宙大尺度结构时常用的方法。

当然，想要用这种方法得到靠谱的宇宙大尺度结构，需要有足够大的星系样本。斯隆数字巡天是近邻宇宙最大的星系红移巡天项目。该项目获得了80 多万个星系在宇宙中的三维空间分布信息。利用斯隆巡天的星系样本，天文学家发现宇宙中的物质并不是均匀分布的，而是构成了一个复杂的网状结构，称为"宇宙网"（cosmic web）。在这个巨大的宇宙网络中，每一

6. 宇宙掠影

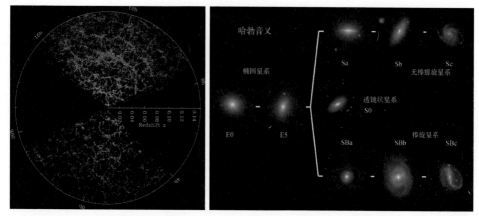

左：星系在宇宙中的空间分布，圆球中心代表地球（观测者）的位置，亮点代表星系； 右：斯隆数字巡天观测到的近邻星系形态 | 图源：SDSS（左）；Karen Masters, SDSS（右）

个节点就是一个星系。天文学家相信，早期宇宙的气体就是在这样的巨大网络中运动和传输，并最终聚集塌缩，形成星系的。

根据在哈勃超级深场（Hubble Ultra Deep Field，HUDF）中找到的星系推算，目前人类可观测的星系有大约 1 000~2 000 亿个。考虑到遥远宇宙中有许多更为暗弱的星系未被观测到，宇宙中星系的总数目可能会有上万亿个，而银河系只不过是茫茫宇宙中的沧海一粟。

作者简介 **潘治政** 中国科学院紫金山天文台副研究员。研究方向：星系形成与演化。

紫微星语

6.6 星辰海洋中的超级"水怪"

有人的地方就有传说，有大湖的地方就可能有水怪。传说了 1 500 多年之久的尼斯湖水怪，是地球上最神秘也最吸引人的谜之一。下面，我们将带你认识一下星辰海洋中的超级"水怪"。

恒星从哪里来：分子云

恒星从哪里来？人类从来没有停止过对这一古老而神秘问题的思考，但直到 18 世纪关于太阳系起源的康德 – 拉普拉斯星云假说出现，才算真正打开了人类探索恒星和行星系统形成与演化的大门。两百多年过去，天文学现在已明确：恒星形成于分子云。分子云中的致密区域发生引力塌缩，最终形成恒星。这是自 20 世纪 60 年代发现星际分子后天文学最重要的研究成果之一。

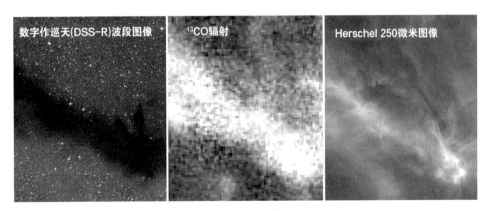

左：黑影部分为暗分子云 LDN1709 的光学图像；中：^{13}CO 气体辐射；右：250 微米尘埃热辐射 | 图源：DSS / FCRAO / HSO

分子云就是星际分子气体的聚集体。它们是星系中温度最低、尺度最广、质量最大的天体。分子云的主要成分是氢分子，还包含少量的其他分子以及尘埃。分子云中的尘埃会吸收其背后的星光，从而遮蔽部分天空造成"黑影"。不过，要直接看到分子云还得依靠分子云自身的辐射。虽然在典型分子云所处的物理条件下氢分子几乎没有可观测的辐射，但分子云中丰度仅次于氢分子的一氧化碳及其同位素分子（CO、^{13}CO、$C^{18}O$）在毫米波段有很强的辐射，因此可以通过探测这些分子气体的分布看到分子云。另外，分子云中尘埃的热辐射峰值落在远红外波段，因此也可以利用远红外波段的观测看到分子云。

20世纪30年代开始，天文学家就已经注意到许多分子云呈现长条状，即纤维状结构（filament），但是这一发现并没有引起足够的重视。主要原因是受望远镜空间分辨率和灵敏度的限制，早期观测往往只能看到分子云密度最高的部分，一般表现为小尺度的近圆形结构，即团块（clump）和云核（core）。在经典恒星形成理论中，分子云的形状并不是非常重要，因此常常被假定为椭球体，这也是理论上最容易处理的形状。

大批"水怪"浮现：纤维状结构

2009年由欧洲空间局（ESA）联合美国航天局（NASA）发射的3.5米口径赫歇尔空间天文台（HSO），可以在红外波段约70到500微米的波长范围内对天空拍照。得益于前所未有的分辨率和灵敏度，HSO可以探测到分子云中许多非常暗弱的结构。如果说光学镜头下的分子云就像一片深不见底的黑色湖泊，那么红外镜头则向我们展示了暗流涌动的湖底的真面目。

HSO的观测刷新了我们对分子云的认识：在HSO的红外镜头里，几乎所有分子云中都密布着蜿蜒曲折的纤维状结构，如同无处不在的"水怪"。天文学家们不得不重新思考恒星形成理论，必须引入更复杂的物理模型，使得分子云中首先能够形成网状的纤维状结构。从某种程度上说，这一大批"水怪"的出现把恒星形成研究带入了一个新的时代！

如今，纤维状结构已经是恒星形成研究中的热点。太阳系附近分子云中

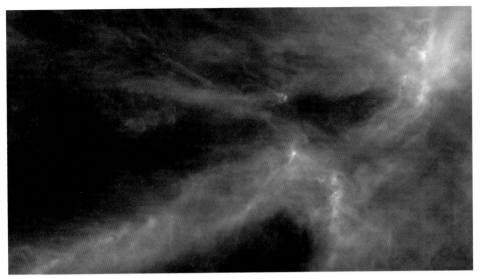

HSO 三色（蓝 –70 微米，绿 –160 微米，红 –250 微米）合成的蛇夫座分子云中纵横交错的纤维状结构｜图源 www.herschel.caltech.edu

的"水怪"容易观测，也最常被研究。它们大多体型较小，一般体长几光年到几十光年（1 光年约等于 9.5 万亿千米），宽度通常小于 1 光年。那么，还有更大的"水怪"吗？它们最大可以长到多大呢？

超级"水怪"：巨型纤维状结构

2010 年，天文学家注意到一只细细长长的"水怪"，给它取了一个令人印象深刻的昵称"Nessie"，因为它长得很像传说中的尼斯湖水怪。"Nessie"身形妖娆，长约 260 光年，但宽度却不到 2 光年，有着典型的水蛇腰。而且

"尼斯湖水怪（Nessie）"纤维状分子云｜图源：Spitzer(上)；HSO（中）；紫金山天文台（下）

6. 宇宙掠影

它的密度非常高，在 8 微米照片上依然是一道黑色的闪电。

更令人惊奇的是，后续研究发现，之前观测到的"Nessie"只是冰山一角，真实的"Nessie"可能长达惊人的 1 400 光年！而且这样的"Nessie"并非个例。到目前为止，天文学家已经找到了几十个长度从 30 光年到 1 600 光年不等的超级"水怪"，它们很可能和银河系旋臂结构相关，甚至有科学家提出新观点，认为"Nessie"代表了一类银河系旋臂深处长而致密的纤维状结构。巨大的"尼斯湖水怪"就像印度神话中支撑大地的巨蛇舍沙一样，作为旋臂的"骨骼"撑起了整个银河系。

揭秘超级"水怪"

人们对新发现的东西总是充满好奇，希望它们能在各方面与众不同。那么，超级"水怪"和普通"水怪"有什么区别？它们又是怎么长成的呢？如同神秘的尼斯湖"水怪"一样，星辰大海中的超级"水怪"们也依然深潜于海底，等待天文学家们来揭秘。

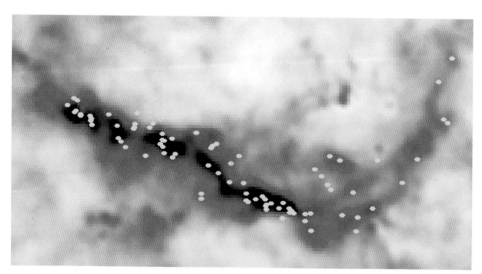

巨型纤维状结构 G47 的密度分布图（背景）及其中的年轻恒星位置（黄点）| 图源：HSO/ 作者

紫微
星语

恒星形成于分子云，"水怪"也会生蛋。要真正了解水怪，除了拍照，还需要了解它们产的蛋——年轻恒星。在最近的一项研究工作中，科学家们统计分析了已知巨型纤维状结构的恒星形成率，具体来说就是细数每个巨型纤维状结构中年轻星的数目，更形象一点就是清点每个超级"水怪"下的蛋。

科学家在所有 57 个超级"水怪"中共找到了约 18 000 颗蛋，当然这些只是较为明亮的恒星，由于受到望远镜灵敏度的限制，许多暗弱的恒星都被漏数了。据估计，"水怪"实际的总蛋数可能超过 20 万颗。

统计分析显示，超级"水怪"的平均产蛋率与太阳系附近的小"水怪"们区别不大，科学地表达即：巨型纤维状结构的恒星形成效率与近邻分子云没有显著差异。

一种可能的解释是：如果恒星形成过程是由小尺度结构决定的，那么虽然巨型纤维状结构可以形成更多的恒星，但归算到同一尺度下，即恒星形成效率，则不会有差别。形象点说，如果大"水怪"并不是一整只，而是许多小"水怪"构成的群，那么，虽然一群"水怪"会产很多蛋，但平均每只的产蛋数目不会有太大差异。

需要说明的是，对纤维状结构的研究目前还处于起步阶段。天文学家关心的问题包括：它们是如何形成的？在分子云和恒星的形成过程中扮演什么样的角色？

理解它们的起源和演化需要更多的样本和更细致全面的观测。HSO 的图像揭示出分子云的复杂结构，但它看到的主要是分子云中的尘埃成分，是二维静态图像，无法获得分子气体的运动学信息。要了解分子云的主体，并看清"湖底"的暗流涌动和"水怪"们扭动的腰肢，我们还需要相应分子气体的巡天观测来得到第三维的速度信息。

在青藏高原的戈壁深处，一架毫米波望远镜正在开展"银河画卷"巡天计划，目标是绘制出一幅北天银道面的一氧化碳分子气体的全景图。科研人员正在对巡天陆续发现的巨型纤维状结构的物理和化学性质进行仔细分析。相信"银河画卷"完成后将会再次刷新我们对分子云和恒星形成的认识。

　　　　　　　　　　　　　　　6. 宇宙掠影

"银河画卷"巡天计划发现的巨型纤维状结构 | 图源：ApJ / 紫金山天文台，熊放

张淼淼　中国科学院紫金山天文台副研究员。

6.7 宇宙中的绚丽泡沫

1983 年，红外空间天文望远镜（Infrared Astronomical Satellite，IRAS）的发射标志着天文观测全面进入到红外波段。IRAS 的银河系红外图像里存在着一些"气泡"，它们被认为是恒星与周围星际物质相互作用的结果。在 IRAS 发射大约 20 年之后，另一台红外天文望远镜——斯皮策空间望远镜（SST）提供了更高分辨率、更高灵敏度的近红外－中红外图像（目前 SST 已彻底停止工作，结束了其长达 16 年的服役状态）。在这些近红外－中红外图像里发现了更多的"气泡"，它们大小不一、形态各异，广泛地分布在银河系的盘面上，犹如银河上泛起的绚丽泡沫。这类"气泡"是怎么形成的，又是什么因素决定了它们的形状呢？

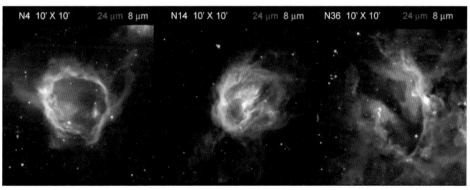

银河系中的"气泡"
它们有同样的物理起源，"气泡"的空腔是电离气体和热尘埃颗粒（红色中心区域），"气泡"的边缘是分子气体和冷尘埃颗粒混合而成的气体壳层（青色边缘位置）
| 图源：Deharveng L., et al., 2010

恒星吹出的"气泡"

在银河系中，恒星与恒星之间的距离非常遥远，恒星之间的广阔空间里充满了原子气体、分子气体和电离气体。就像天空中的云朵一样，宇宙空间里的原子和分子气体也是以云朵一样的形态存在的，天文学家分别称之为原子云和分子云。原子云主要由氢原子组成，类似地，分子云主要由氢分子组成。恒星诞生于分子云中，并且对分子云产生影响。这类"气泡"就是这种影响的产物。

什么样的恒星能产生这种"气泡"呢？天文学家通过观测和理论研究发现，只有恒星中的大个子才能产生这种"气泡"。这类大个子恒星被天文学家称为大质量恒星，它们的质量是太阳质量的 8 倍以上。大质量恒星所发出的耀眼光芒具有很强的能量，能够电离周围的原子和分子气体，产生一个以氢离子和电子为主的热气体团，称为电离氢区。"气泡"就属于这样的电离氢区。

银河系中的这类"气泡"往往有大有小，并且形状往往不是球形，这又是为什么呢？

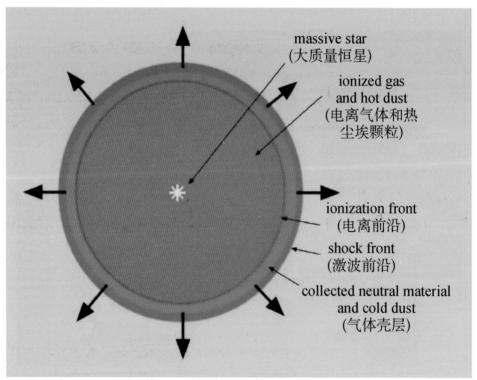

"气泡"的示意图 | 图源：Deharveng L., et al., 2010

228

一场"困兽与牢笼"的争斗

影响银河系中"气泡"的产生与膨胀过程的主要因素包括电离气体向外扩张的趋势与周围气体对这种扩张的抑制。炽热的电离气体犹如一头困兽，想要挣脱周围冷气体的束缚，激烈争斗直至力竭。

电离氢区向外扩张的动力主要与恒星的质量有关：恒星的质量决定了恒星的有效温度，有效温度决定了电离光子的数目和能量，从而决定了大质量恒星所能电离的气体的范围。来自周围气体的抵抗包含多种机制，主要有三种：一种是氢离子与自由电子的复合过程，它是电离过程的反作用；一种是周围未电离气体的热压力；还有一种是周围气体的磁场。根据这三种抵抗力的先后作用顺序，可以把"气泡"的产生与膨胀过程分为两个阶段。

○ 电离阶段

大质量恒星开始电离周围的气体，直至将周围一定范围内的气体完全电离。这个阶段主要是氢原子的被电离过程与氢离子－电子的复合过程的竞争。在早期阶段，氢原子的被电离速度远远大于氢离子－电子的复合速度，因此电离气体的范围不断扩大。随着电离气体的范围不断扩大，距离中心的大质量恒星越来越远，电离光子的密度随之降低，使得氢原子被电离的速度逐渐向氢离子－电子的复合速度接近，最后在某一位置处两者达到平衡，这一位置被称为电离氢区的斯特龙根半径（Stroemgren radius）。以大质量恒星为中心，斯特龙根半径范围内的气体是几乎全部电离的，温度高达 7 000 度左右。

○ 膨胀阶段

在电离阶段之后，电离氢区里的电离气体的热压力远远大于周围分子气体的热压力和磁场的约束力。在内外压力差的作用之下，电离氢区开始向四周膨胀，并随之形成环绕电离氢区的分子气体壳层。这个阶段电离氢区和环绕它的分子气体壳层就构成了"气泡"。"气泡"在内外压力差的推动下不

6. 宇宙掠影

断向外膨胀。这是膨胀的早期阶段。由于电离气体的密度随着"气泡"膨胀而降低，因此电离气体的热压力也逐渐降低。当它降低到与周围气体的热压力或者磁场的约束力相当时，"气泡"的膨胀会受到这两种抵抗力的显著影响。这是膨胀的晚期阶段。

　　相关的磁流体动力学研究表明，在银河系分子气体典型的磁场强度下（10 微高斯左右），磁场的作用力要远远大于分子气体的热压力。如果假设分子气体的分布是均匀的，那么分子气体的磁场会影响"气泡"的膨胀过程。由于磁场对电离气体的约束作用，它们只能沿着磁场的方向运动，因此在各个方向的膨胀速度会不一样。在垂直于磁场方向，磁场的约束力使得它

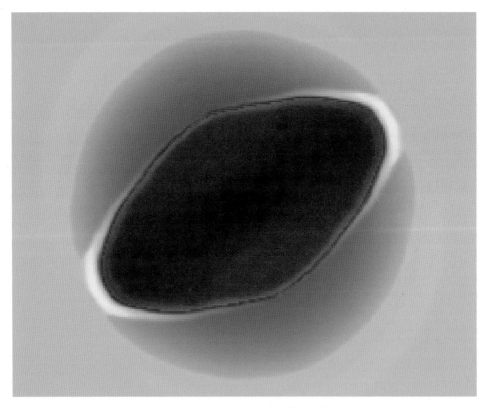

磁场的方向为 30°的情况下，模拟给出的形成 200 万年后"气泡"的形状
深红的椭圆代表电离氢区，浅紫色的圆形代表周围的气体壳层。在"气泡"形成 61 万年后电离气体的热压力与磁场的约束力相当 | 图源：Arthur S. J., et al., 2011

们的膨胀速度降低；但在平行于磁场方向，它们的膨胀不受影响，这使得电离氢区变成椭球形。对于外层的分子气体，由于电离度很低，环绕电离氢区的分子壳层的膨胀较少受到磁场作用的影响，不会明显偏离球形。

以上对"气泡"的膨胀过程的介绍基于周围的分子气体是均匀分布的假设。在这个假设下，磁场是影响"气泡"形状的主要因素，它使得"气泡"变成长轴平行于磁场方向的椭球。目前这些研究仍属于理论研究的范围。在实际的星际空间中，分子气体的密度是不均匀的，无论是"气泡"膨胀的早期还是晚期阶段，无论磁场的约束是否重要，"气泡"的膨胀都会存在各向异性：分子气体密度低的方向膨胀得快，密度高的方向膨胀得慢。因此分子气体热压力的不均匀性也会影响"气泡"的形状。

一句话总结：大质量恒星的质量是决定"气泡"大小的主要因素，而周围气体的物理性质（密度分布、磁场）影响了"气泡"的形状。星际空间里复杂的物理条件决定了"气泡"的千姿百态，没有两个"气泡"是相同的。

作者简介 **陈志维** 中国科学院紫金山天文台助理研究员。研究方向：大质量恒星的形成与早期演化。

6.8　因为听见，所以看见
——时空涟漪寻踪求源

　　自 2019 年 4 月美国和欧洲的引力波探测器激光干涉引力波观测台（Laser Interferometer Gravitational-wave Observatory，LIGO）和室女座引力波探测器（Virgo gravitational wave detector，Virgo）升级重启以来，引力波事件的纪录每周（甚至同一天内）都在被刷新。LIGO/Virgo 科学合作组织一改首例发布时慎之又慎的作风，启动了引力波事件正式发布前的即时公共预警，希望全球各地天文学家们能及早开启各波段的后随观测，追踪电磁辐射对应体。引力波为我们探索宇宙打开了一个崭新的窗口。

"耳聪"还需"目明"——多信使天文学时代的到来

○ 时空涟漪：诗意背后

　　在爱因斯坦广义相对论中，引力波是最富诗意的存在——时空涟漪。

　　任何有质量物体在因质量所致的弯曲时空里加速运动（包括自旋、绕转等）即产生引力波。它以波的形式和光的速度从辐射源向外传播，携带着引力辐射能量和波源相关的信息。

　　就像石子丢到宁静的湖面

双黑洞绕转产生引力波的示意图 | 图源：NASA

上所泛起的涟漪，人们从涟漪的大小、波纹以及持续时间等可以推测石子的大小和多少。当然，这只是为了形象地理解，时空涟漪和湖面上的涟漪其实并不是一回事。

一般物体所产生的引力波极其微弱，而可探测到的引力波必定是宇宙中最猛烈的事件，如中子星、黑洞等量级的致密天体的并合等，它可以穿透任何阻挡，诗意背后难掩内心的狂野。

○ 波源与成功探测

产生引力波的波源大致分为两类：宇宙学起源的（如宇宙大爆炸触发的所谓原初引力波）和天体物理过程起源的（如超新星爆发、非对称性中子星的自旋、恒星级致密天体的并合等）。

不同波源的引力波频率不同，如大爆炸后的宇宙暴胀产生的原初引力波可以低至 10^{-16} 赫兹，而恒星级致密天体并合产生的引力波则从几十赫兹到上千赫兹。不同频率的引力波对应的探测手段也各不相同，恒星级致密天体并合产生的引力波事件的探测主要通过地面激光干涉，如 LIGO 和 Virgo 等。

迄今成功的探测都是天体物理起源中恒星级致密天体并合产生的引力波。本文因此也只涉及恒星级致密天体并合事件。

截至 2019 年 5 月 21 日，LIGO/Virgo 探测到的 24 例（包括已公共预警但尚未正式发布的）引力波事件中，仅有 3 例双中子星并合，1 例疑似黑洞－中子星并合，其余均为双黑洞并合。其中最遥远的来自约 130 亿光年以外，而最近的距离也有约 9 千万光年。

双黑洞并合占绝大多数，这其实并不奇怪。一方面黑洞的质量更大，相同距离处的引力波相对也更强；另一方面，根据理论预言，宇宙中的双黑洞并合事件可能每几分钟就会发生一次。我们每年错失的双黑洞并合引力波事件可能高达 10 万次！

○ LIGO "听到"了什么？

如何从 LIGO 等引力波探测器 "听到"的引力波中获得距离、质量等信

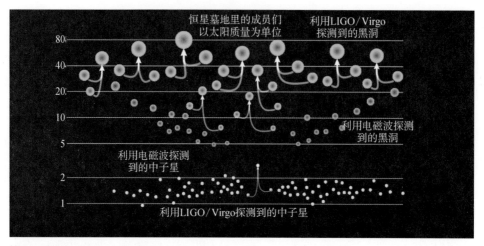

致密天体质量（单位：太阳质量）

已正式发布的 LIGO/Virgo 探测到的双黑洞并合（蓝色）和双中子星并合 GW170817（橙色），对比单靠 X 射线探测到的黑洞（紫色）和所有已知质量的中子星（黄色）

| 图源：LIGO/ Frank Elavsky/ Northwestern

息呢？

　　科学家们首先根据广义相对论等理论研究的结果计算出不同距离、不同质量组合的各种恒星级双星系统并合产生引力波的强度、周期、振幅、频率等，形成一系列标准"模版"。当引力波信号被探测到时，只需要将探测到的信息与"模版"进行比对，即可给出对应的质量、距离等信息。

　　那么又如何知道并合的成员天体是黑洞还是中子星呢？

　　大质量恒星（8 倍至约 30 倍太阳质量）和超大质量恒星（大于约 30 倍太阳质量）演化到晚期，会因中心燃料耗尽而发生剧烈爆发和引力坍缩，分别形成中子星和黑洞。中子星的最大质量不会超过约 3 倍太阳质量，而目前发现的黑洞的最低质量约为 5 倍太阳质量，中间存在一个"体重间隙"。

　　科学家们正是借助这个"间隙"来判断并合类型：双黑洞、双中子星或黑洞 - 中子星。当然任何测量总是存在误差，如果比对得出的质量远离这个"间隙"，我们可以很容易给出明确的判断，但当得到的质量接近这个"间隙"时，就需要其他更多的信息来辅助判断。

○ "耳聪"还需"目明"

2015 年 9 月 14 日，LIGO 首次探测到引力波事件 GW150914，并确定该事件是源自 13 亿光年外的两个互相绕转的恒星级黑洞的并合。这是广义相对论的又一次伟大胜利——同时直接证实了引力波和恒星级黑洞的存在。LIGO 的三位奠基者因此获得了 2017 年度诺贝尔物理学奖。

LIGO/Virgo 等的探测实际只是"听"到了引力波，因为探测给出的定位只是宇宙深处一个大致的方向，并不确定具体是从哪个位置的哪个天体发出的。通过不同位置引力波探测器的同时探测，可以有效缩小目标天区的范围。

只有探测到引力波事件的电磁辐射对应体才能锁定目标，即真正"看"到。就好像盛夏里的雷雨天，炸雷提醒你发生了什么，而闪电会告诉你发生在哪

双中子星并合可视化效果图：物质分布（右）和时空扭曲（左）| 图源：LIGO

6. 宇宙掠影

里。不同的是，雷以声速传播，远跑不过闪电，而引力波和相应的电磁辐射都以光速传播，几乎同时发生，并同时到达地球。这也是为什么天文学家早就确信黑洞的存在，却一定要执着于给黑洞拍一张照片的原因，所谓有图有真相。

广义而言，与引力波辐射伴随的电磁信号都可以称为引力波电磁对应体。天文学家要做的，就是在光学、X射线乃至射电等不同波段做好准备。当引力波事件发生时，能够快速响应，对引力波可能发生的区域进行快速的追踪，能赶在"案发现场"锁定目标。

在光学波段的追踪仅限于有中子星参与的并合事件，因为双黑洞并合产生新的黑洞的过程在光学望远镜自始至终都是看不到的。即使在毫米波和亚毫米波段，从前不久首张黑洞照片的故事可以了解到，目前的观测技术条件还无法给恒星级的黑洞拍照。

○ 多信使天文学时代的到来

2017年8月17日，LIGO/Virgo共同探测到引力波事件GW170817，这是人类首次直接探测到双中子星并合产生的引力波事件。

随后的几秒之内，美国航天局（NASA）的费米γ射线空间望远镜（Fermi Gamma-ray Space Telescope, FGST）和欧洲的国际γ射线天体物理实验室（International Gamma-Ray Astrophysics Laboratory, INTEGRAL）都探测到了一个极弱的短时标伽马暴（简称"短暴"）GRB 170817A。全球数千名科学家利用数十台各波段的天文望远镜对GW170817开展了几乎覆盖整个电磁波谱的后随观测，堪称"盛宴"。最终确定案发现场在距离地球1.3亿光年的星系NGC 4993中，引力波事件的光学对应体AT2017gfo很可能是一种被称为千新星的瞬变天体。这是人类首次，也是迄今唯一一次追踪到双中子星并合引力波事件的电磁辐射对应体。

对于类似于双中子星并合这样的同时产生引力波、伽马暴、千新星等的事件，天文学家可以使用各种手段对引力波和电磁波进行协同观测和综合研究。这些多信使的观测综合形成对GW170817从并合前约100秒到之后

南极巡天望远镜（AST3-2） ｜图源：中国南极天文中心

数星期的全面描述。这起事件也因此被认为标志了"多信使天文学时代"的真正到来。

努力和期待

遗憾的是这次事件的波源发生在中国本土望远镜都看不到的南天。所幸我国自主研制并安装于南极冰穹 A 的一台通光孔径 0.5 米的南极巡天望远镜（AST3-2）抓住了机会，成功探测到该事件的光学对应体，成为"盛宴"参加者中唯一的"中国制造"。

紫金山天文台另一组科研人员参与组织了"盛宴"中一组更大口径的望远镜的追踪观测。这就是由欧洲南方天文台（ESO）建在智利的 4 台 8 米光学望远镜组成的甚大望远镜（VLT），是目前地面上威力最大的光学望远

6. 宇宙掠影

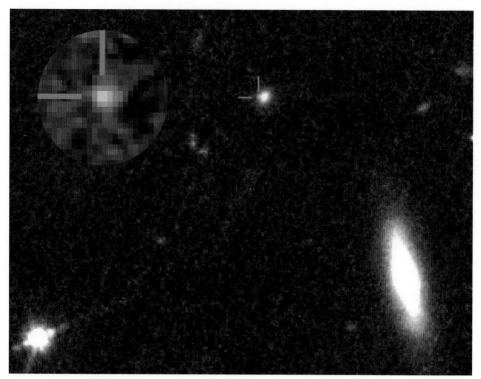

哈勃空间望远镜拍摄的来自 GRB 060614 的千新星的微弱信号（绿线所指位置）和它的宿主星系（紧邻的亮源），小插图显示的是去除了宿主星系后的千新星
| 图源：作者通过哈勃望远镜公开的历史数据处理得到

镜之一。基于前期的合作和研究基础，他们与意大利等国的合作者一起申请到 VLT 的观测时间，成功追踪到 GW170817 的光学对应体，并获得了最完整的光谱观测资料和国际上首次对千新星的偏振观测资料。

追踪电磁辐射对应体的观测数据可以给出并合过程中的抛出物质量（约 0.04 太阳质量）、速度（约 0.2 倍光速）和温度（晚期约 2 500K）等。而这些性质与紫金山天文台这个研究组之前在伽马暴 GRB 060614 中发现的千新星一致。千新星也成为此类引力波事件电磁辐射对应体的最佳候选。

最近，这个研究组还通过对比统计分析建立了 GW170817 与明亮短暴之间的直观联系：与 GW170817 成协的短暴比已知最暗的短暴还弱两个数量级，其原因很可能是观测者偏离了伽马暴喷流的运动方向。

研究组还进一步指出，对于将来的大多数双中子星并合引力波事件，其电磁辐射对应体的追踪要比 GW170817 更难，因为大部分双中子星并合将发生在更远处，并且观测角度偏离喷流运动方向的可能性也更大，这些都将降低辐射的亮度。

"明知山有虎，偏向虎山行。"全球各地的天文学家们正在为下一次引力波事件的到来摩拳擦掌，不仅希望能再次追踪到双中子星并合时的千新星，更希望能首次一睹黑洞撕裂中子星瞬间的宇宙奇观。中国天文学家们正密切关注，并积极准备，希望下一次探测到的中子星并合事件落在中国本土望远镜能观测到的天区，为"盛宴"贡献更多"中国制造"。

作者简介

金志平 中国科学院紫金山天文台研究员。研究方向：引力波电磁辐射对应体、伽马暴、中子星等。

6.9 追踪千新星

"我们来自星尘" —— 卡尔·萨根

卡尔·萨根无愧于"大众天文学家"和科普大师的美誉，他总能找到最美、最朴实的文字来传播科学。"我们来自星尘"也许可以算是"天人合一"的科学诠释：生命不可或缺的重元素来自一场恒星级的大事件。写下这句话的时候，他的脑海里一定映衬着一幅恒星从诞生、成长到最后在一场壮观的宇宙烟花中谢幕的场景。而今重读，场景里还应有"时空涟漪"以及随后闪现的千新星……

千新星：宇宙深处的"炼金炉"

○ 背景：超铁元素起源之谜

精确的天文观测告诉我们，宇宙中可见物质质量的 73% 以氢原子的形式存在，25% 以氦原子的形式存在，剩下大约 2% 则由其他元素组成。其中氢、氦以及少量的锂来自宇宙诞生初期的大爆炸核合成过程，更重的元素例如碳、氧、氮、硫、铁等则是在恒星内部通过核反应产生的。

而比铁更重的元素（即超铁元素），例如金、银等稀有金属以及核电站的重要原料铀 -235、钚 -239 等，都无法在恒星内部产生。理论上这些超铁元素需要通过中子俘获过程产生，但是对于具体在哪里产生，以及这一假说是否可以解释宇宙中观测到的超铁元素丰度等问题并不完全清楚。宇宙中超铁元素的起源至今还是待解之谜。

中子俘获是指一种原子核与一个或者多个中子撞击形成重核的核反应。中子俘获在恒星里以快、慢两种形式发生。快中子俘获（r- 过程）通常发生在爆炸性的中子环境中，如超新星爆发、中子星并合等。慢中子俘获（s－过程）发生在渐近巨星支（asymptotic giant branch，AGB）恒星中。

早在 1957 年，就有两个研究组（Cameron 以及 Burbidge 等人）分别独立提出：发生在爆炸性的中子环境中的 r－ 过程可以产生约一半左右的超铁元素以及所有比铋（原子序数 83）重的元素。

1974 年拉蒂默（Lattimer）与施拉姆（Schramm）提出"中子星并合是 r－ 过程的理想场所，并产生大量重元素"，但论文发表后约 1/4 个世纪里并没有得到应有的关注，对相应的后续天文观测效应也几乎没有任何讨论。

中子星并合会伴随三种天体物理现象：引力波事件、相对论性的喷流（产生短暴及其余辉）和外流（抛射出的约 0.001~0.1 倍太阳质量的富中子化，速度为 0.1~0.3 倍光速的"低速"物质），此外还可能产生中微子暴。

○ 浮出水面的千新星

这种窘况一直持续到 1998 年，当时在普林斯顿大学攻读博士学位的中国学生李立新和其导师玻丹·帕琴斯基（Bohdan Paczyński）教授预言了一种全新的天文现象：中子星并合所产生的外流中不稳定的（超）重元素衰变并加热外流，从而形成光学波段的耀发，其光度与普通超新星相当，并持续数天。他们的预言开创了一个新的研究方向，但他们"忘了"给这类事件取个名字。后来人们习惯上称之为"Li-Paczyński 新星"。

2005 年加州理工大学库尔卡尼（S. R. Kulkarni）教授计算得到"Li-Paczyński 新星"的外流抛射物形成光学耀发的亮度高于新星，但低于超新星，建议命名为巨新星（macronova）。2010 年普林斯顿大学梅茨格（Brian Metzger）教授建议改名为千新星（kilonova），因为他们通过更细致的计算得到：其峰值亮度比超新星亮度低约两个量级，是经典新星的 1 000 倍，能达到太阳的 1 亿倍！目前千新星一词在国际上使用最广泛，但实际上由于限制过于严格反而不够准确。

千新星是一类发生于中子星并合过程中的暂现天文事件，并合过程中产生各向同性的物质抛射和 r－ 过程重元素的放射性衰变。千新星与超新星有一定的相似性，热源都是外流中的放射性物质。辐射达到峰值时外流体基本上变成透明的，这之后的辐射主要由放射性物质的衰变提供能源。

2013年3月，千新星的理论研究再次取得突破。来自美国的一个团队计算发现，千新星抛射物主要为比铁更重的元素，和铁族元素主导的超新星相比，光深要大近百倍（而此前人们都是用与超新星相同的光深来进行计算的）。这意味着千新星最终产生辐射要更暗、更晚和更红，辐射的峰值在红外波段。

受这一理论突破的启发，英国莱斯特大学的尼尔·坦维尔（Nial Tanvir）教授把搜寻千新星的重点转移到了红外波段，并于2013年6月3日，通过哈勃空间望远镜对一个短时标伽马暴GRB 130603B余辉的观测，第一次观测到来自千新星的信号。这里出现了一些"新面孔"，我们将它们的介绍整理如下：

伽马暴（Gamma Ray Burst，GRB）：来自宇宙某一方向伽马射线强度在短时间内突然增强，又快速衰减的一种爆发现象，短至千分之一秒，长则数小时。伽马暴是人类迄今观测到宇宙中最剧烈的爆发，它在10秒钟内释放的能量相当于太阳终其一生（约100亿年）所发出光的总和。

短暴与长暴：以持续时间2秒为界，伽马暴分为短暴与长暴两类。目前的主流理论认为长暴是一个超大质量恒星发生坍缩形成黑洞时的毁灭性爆发。而短暴则很可能是黑洞或中子星等致密天体并合时产生的。

伽马暴的余辉：伽马射线暴爆发过后在其他波段观测到的辐射。通常随时间呈幂律衰减，X射线余辉能够持续几个星期，光学余辉和射电余辉能够持续几个月到一年。

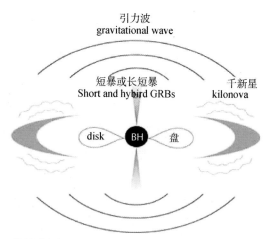

短暴或长短暴、引力波、千新星的关联性示意图
| 图源：紫金山天文台

引力波、千新星和伽马暴同框的概率应该不低。如前文提到，对首例双中子星并合引力波事件 GW170817 的电磁辐射对应体的追踪即发现了成协的千新星和短暴。

那么，天文学家是如何为千新星验明正身呢？

如果暴后一段时间（大约几天到十几天），在近红外波段能谱上出现明显高于余辉辐射的超出，且据此计算出的光谱很软，则很可能是因为千新星的贡献，因为千新星模型给出的晚期温度明显低于超新星的（< 3 000 K）。

○ "挖宝" 历史数据

以紫金山天文台为主的一个研究组近年来在引力波事件电磁对应体相关研究方面取得了一系列成果。他们是国际上最早利用伽马暴历史数据搜寻千新星的，通过与意大利国家天体物理研究所（Istituto Nazionale di Astrofisica，INAF）布雷拉天文台 (Brera Astronomical Observatory) 科学家的合作，深入掌握了哈勃空间望远镜（HST）、甚大望远镜（VLT）等国际顶尖光学望远镜的数据处理方法，并尝试从历史数据中"挖宝"，在多个伽马暴余辉中发现千新星候选体。

2014 年，合作组开始关注颇具争议的 GRB 060614。这是一颗发现于 2006 年持续约 100 秒的长暴，红移为 0.125，是距离我们最近的伽马暴之一。如此近距离的长暴余辉中理应探测到很亮的超新星，但是 VLT 和 HST 等国际顶尖望远镜长期密集的观测数据中并没发现任何超新星的蛛丝马迹。

这对基于瞬时辐射持续时间长短的伽马暴分类形成严重挑战，并在 2006 年引发了研究热潮，《自然》杂志曾同时刊发 4 篇相关研究论文，却莫衷一是。后来干脆起了个看似自相矛盾的名字"长短暴"。

合作组重新系统分析了 GRB 060614 的 VLT、HST 原始观测数据，分别在暴后 3.8 天的能谱和 13.6 天的流量数据中发现显著的近红外超出成分，以及与超新星相比较低的晚期温度 (< 3 000 K)。这些都与千新星模型一致。

进一步计算表明，要拟合这一事件多个波段的辐射数据，要求这次事件中抛出的物质为 0.1 倍太阳质量，并且以超铁元素为主，通常双中子星的并合不足以产生这么多的抛出物，因此这一事件有可能来自"中子星 – 恒星级质量黑洞"的并合。这一发现也确定了 GRB 060614 的中子星并合起源，本质上仍属于短暴，澄清了"长短暴"起源之谜。这也是首次在"长短暴"中发现千新星，并为揭示宇宙中（超）重元素的起源提供了新线索。

特别值得一提的是，2019 年 4 月 26 日 LIGO/Virgo 公共预警了首个疑似"中子星 – 恒星级质量黑洞"并合引力波事件。该假设最终得到证实，因为之前已探测到双黑洞并合（GW150914）和双中子星并合引力波事件（GW170817），加上这次事件，便实现了致密天体并合引力波事件的"大满贯"。对此类事件的电磁辐射对应体的探测，便成了又一座"圣杯"。

短暴 GRB 050709 通常被认为是首例观测到光学余辉的短暴，但很快也有一些研究组注意到其辐射的特殊性，难以在余辉的框架内解释。以紫金山天文台为主的研究组重新分析 VLT、Gemini 和 HST 的观测数据后发现，其光学对应体其实是千新星主导的，并首次在千新星观测早期（约 2.5 天）资料中发现了铁族元素主导的宽发射线迹象。后来对 GW170817 的观测也发现，其辐射成分中既有铁族元素主导的"蓝"成分，也有更重的元素主导的"红"成分。千新星无愧为宇宙深处的"炼金炉"。

结构化喷流模型

研究组在国际上首次对千新星与短暴 / 长短暴的关联性进行了统计分析，发现每个短暴 / 长短暴都有可能伴随着一个千新星，也就是说千新星是普遍存在的。首例引力波事件 GW170817 已证实千新星是中子星并合引力波事件的电磁辐射对应体。

紫金山天文台相关研究组是国际上最早用结构化喷流模型来解释短暴的余辉数据的研究组，并基于该模型在国际上首次提出：偏轴的伽马暴尽管较弱，但依然有望被升级后的 LIGO/Virgo 等探测到，从而将引力波事件和短暴成协率从 1% 提高到 10%。但在均匀喷流模型下，由于强的相对论集束效应，偏轴事例无法可靠提高短暴和引力波事件的成协率。这有助于理解在首例中

244

子星并合引力波事件 GW170817 中就看到了短暴 GRB 170817A 这个让人"意外"的事实。

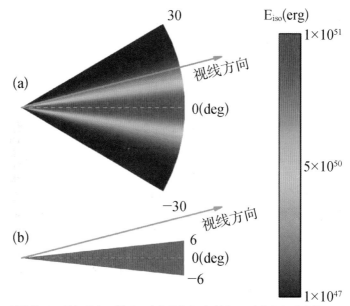

　　上面提到的结构化喷流模型，是指喷流内能量密度和物质的运动速度随角度而变化。喷流模型可以分为两类：一类叫成功喷流模型，认为喷流

偏轴情形下的短暴探测前景：(a) 结构化喷流模型，(b) 均匀喷流模型
| 图源：紫金山天文台

是准直的、强相对论性的，能够穿透千新星抛射物形成的壳层喷射出去；另一类叫失败喷流（或者叫窒息喷流）模型，认为喷流张角比较大，准直性不好，被束缚在抛射物形成的"茧"中，而且喷流速度相对较低。两种模型在解释伽马暴余辉亮度演变中存在激烈的争论。

　　通过统计得到的短暴典型半张角约为 0.1 弧度，进而得到边长 32.6 亿光年的立方体内，近邻宇宙的中子星并合发生率约为每年 1 000 次，与引力波探测给出的中子星并合率一致。利用目前得到的中子星并合率和每次抛出的物质，已经可以解释宇宙中比铁重的元素的起源问题。

离揭开谜底还有多远？

　　《自然》杂志最近发表的一篇理论文章指出，坍缩星（超新星爆发触发快速旋转的大质量恒星坍缩）周围形成的吸积盘可以创造超铁元素合成所需的必要条件，且推测 80% 的超铁元素可能来自坍缩星，其余 20% 由中子星

　　　　　　　　　　　　6. 宇宙掠影

并合事件产生。

然而，再好的理论也需要观测数据说话。这需要观测上给出坍缩星的频度，并证明这个频度足以说明观测到的宇宙超铁元素丰度。

而另一方面，引力波探测器 LIGO/Virgo 等通过不断升级正在提供越来越多的中子星并合事件的观测，天文学家们也在紧密追踪相应的电磁辐射对应体——千新星，并从伽马暴余辉中寻找千新星的信号。我们相信，当这个数目足够多时，也许就可以给超铁元素起源之谜盖棺定论了。

搜寻千新星需要大视场光学成像望远镜。紫金山天文台盱眙观测站 1 米通光口径的近地天体望远镜因其大视场巡天特性而成为国内最适合搜寻引力波对应体的设备之一。目前研究组已建立起了一套量身定制的观测流程，时刻准备着追踪引力波事件的电磁辐射对应体，并希望在不久的将来实现中国本土望远镜在这一领域零的突破。

 金志平 中国科学院紫金山天文台研究员。研究方向：引力波电磁辐射对应体、伽马暴、中子星等。

6.10 冲击波：从身边到宇宙空间

冲击波，也叫激波，其概念最早出现在空气动力学中：假如在空气中有一个障碍物以超声速运动时，在障碍物前方就会形成一个激波结构。为了描述激波强度，可以定义马赫数 $M = V/c_s$，其中 V 是障碍物的运动速度，c_s 是空气中声速。

但是现实生活中，超声速现象并不容易被观测到，为了便于理解，我们利用水面现象来做类比。假如我们向平静的水面丢一颗石子，就可以看到水面波由中心向周围传播，

上：水面波向周围传播；下：水面波向快艇后方传播 | 图源：pixabay

也可以理解为石子扰动水面的信息向周围各方向同步传播。接着，我们考虑另一种情形：水面上有一个运动的物体，比如一艘快艇，其速度超过水面波传播的速度，水面波不能向快艇前方传播，而只能向其后方传播。而在快艇前方，传播快艇扰动信息的水面波会堆积并形成一个间断结构，类似于激波结构，只不过在水面形成的这种常见的结构已经有了自己的名字——兴波阻力。你可以亲自动手试一下：把一根树枝的末端伸入水中，尝试慢速滑动和快速滑动，观察两种情形之间的区别。

空气中的激波

物体在空气中运动所产生的扰动以声波的形式向周围传播，当这个物体运动速度等于甚至大于声速（约为 330 米 / 秒）时，在物体运动方向的前方将探测不到声波，而且会形成一个薄薄的高温高压的激波结构。

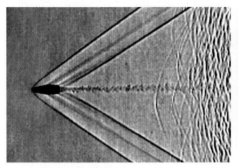

左上：超声速子弹在空气中产生的锥形激波（马赫锥）；右上：炮弹发射时火药爆燃形成的激波使得水面形成一个球面凹陷；左下：战斗机从亚音速到超音速通过音障时，激波面附近因空气压缩导致水汽凝结形成普朗特－格劳厄脱凝结云 | 图源：Settles 1（左上）；Phan J. Alan Elliott(右上)；pixabay（左下）

日球层内的激波

○ 拥有偶极磁场

在太阳风影响的日球层内也存在各种形式的激波，比如我们的地球弓形激波。太阳通过电磁活动不断地在向日球层中"射出"超声速带电粒子流和磁场，这就是所谓的太阳风。当太阳风以几百千米每秒的速度遇到由地球磁场导致的磁层时，就会在地球指向太阳的方向形成一个弯曲的激波面。这个

紫微
星语

激波面和日地连线的交点到地心的距离约为 12 个地球半径，且会随太阳风条件发生变化，如图。

太阳风与地球磁层相互作用艺术想象图 | 图源：NASA

在太阳系中，除了地球以外，其他具有强偶极磁场的行星，如水星、木星、土星、天王星和海王星周围也存在类似形式的弓形激波；另外，木卫三也拥有偶极磁场，并可以运动至木星磁层以外的太阳风中。

○ 无偶极磁场无浓密大气

月球没有全球性的偶极磁场，只有一些局地磁场，太阳风与月球局地磁场相互作用可以形成多个"迷你"磁层和"迷你"激波。

火星也没有全球性的偶极磁场，而存在众多局域性偶极磁场。但是火星有一个稀薄的大气层，其中的中性粒子通过光致电离或者与太阳风中的带电粒子电荷交换过程形成一个电离层。太阳风可以与火星电离层相互作用，并形成一个大尺度的弓形激波。只是由于没有全球性偶极磁场，火星激波尺寸要小许多，其与日火连线交点到火星中心距离约为 1.5 个火星半径。

最近 NASA 的新视野号（New Horizons）观测证实冥王星同样存在一个太阳风与其稀薄大气层相互作用形成的弓形激波。

○ 无偶极磁场有浓密大气

金星磁场相对于火星更弱，约为地球磁场的十万分之一，且不存在明显的局地残留磁场。不过金星拥有浓密的大气层，并且由于其更靠近太阳，接收到的太阳辐射更强，导致金星也存在一个电离层。太阳风与该电离层相互作用也可以形成一个弓形激波，如图。

类似的激波还会在彗星附近形成，不过彗星激波随彗星相对太阳距离的变化会周期性地形成和消失。靠近太阳时，由于光辐射增强，彗星上的水冰挥发，形成数千至数百万千米尺度的彗发，并经过光致电离和电荷交换形成"电离层"，最终在一个很大尺度上形成激波。经前期对多颗彗星和近期欧洲空间局的伦琴 X 射线天文台（ROentgen SATellite, ROSAT）对 67P/ 丘留莫夫 – 格拉西缅科彗星的探测显示，这种激波普遍存在。

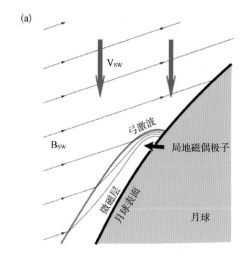

○ 小行星

而对于太阳系中的其他天体，比如小行星，一般因为尺寸较小，激波形成的物理过程在这种小的尺度上无法完成，不论其是否拥有磁场，周围都应该不会有激波形成。

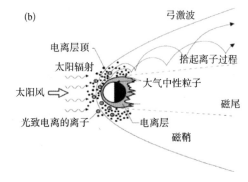

（a）太阳风与月球局地磁场相互作用示意图；
（b）太阳风与金星电离层相互作用示意图
| 图源：（a）Kong X., et al., 2019;
　　　　（b）Mostafavi P., et al., 2019

○ 太阳爆发和行星际空间

当然，在太阳系中除了以上与行星和彗星相关的激波，还存在与太阳爆发活动有关的激波。如太阳耀斑爆发时由于瞬时高温高压产生的爆震波、耀斑磁重联快速喷流产生的终端激波、日冕物质抛射与背景太阳风相互作用形成的行星际激波等，这几类激波与太阳 II 型射电暴等射电现象及太阳高能粒子事件（粒子能量约为 $10^7 \sim 10^{10}$ eV）相关。经旅行者号观测证实，其中有一些日冕物质抛射驱动激波可以传入日球鞘层。

另外，快速太阳风和慢速太阳风相互作用也会形成共转相互作用区激波，它在日球层边界形成距离太阳最远的终端激波。太阳风自太阳发出后，会逐渐加速，并以超声速扫过各大行星、卫星和彗星，最终与太阳系以外的星际介质相互作用，形成一个球壳状的终端激波。这一结构我们可以用自家洗碗池水槽来演示：水流流到水槽中，并向四面八方流动，类似于太阳风，这些水流与周围的水相互作用，就形成一个间断面，对应于日球层的终端激波。

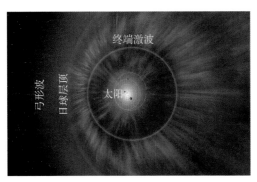 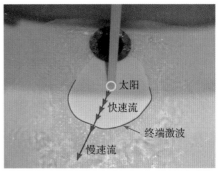

左：日球层艺术想象图；右：利用水流模拟日球层形成
| 图源：NASA/ IBEX/Adle Planetarium(左)；Yanpas （右）

激波可以让粒子加速

激波可以有效地加速宇宙线。星际介质中的中性粒子进入日球层后，通过光致电离或者电荷交换被电离为新生粒子，它们会被太阳风所携带的电磁场"拾起"，从而拥有一个与太阳风相同的束流速度和一个半径等于太阳风束流速度的球壳状速度分布。由于这些粒子普遍拥有了比太阳风粒子高的能量，它们被带到终端激波处时就可以相对容易地参与激波加速过程，并可以多次穿越激波面被加速至较高能量，最终成为反常宇宙线（粒子能量约为 $10^7 \sim 10^8 \mathrm{eV}$），之后这些高能粒子进入到内日球层，并被我们观测到。

6. 宇宙掠影

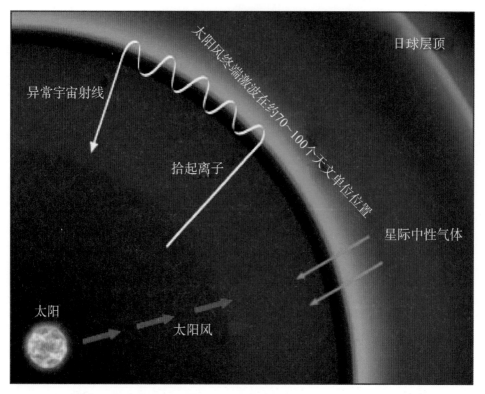

图中标注：
- 异常宇宙射线
- 拾起离子
- 太阳
- 太阳风
- 太阳风终端激波在约70~100个天文单位位置
- 日球层顶
- 星际中性气体

终端激波和可能的反常宇宙线加速机制示意图 | 图源：NASA

○ 扩散激波加速

至于热粒子如何成为高能粒子，天文学家们广泛认为扩散激波加速是等离子体中一种有效的加速机制。根据这种机制，带电粒子在激波上下游被湍动多次散射，而上下游等离子体存在速度差，即 $V_u > V_d$，带电粒子每次被上下游湍动散射一个来回即被加速一次，并且被加速的粒子的动量分布呈幂律谱。这个过程也很像打乒乓球，左侧的每次都是大力抽球，给乒乓球加速，右侧人每次都想打短球，于是就给乒乓球减速。如果每次抽球给乒乓球的动能大于打短球给乒乓球减掉的动能，乒乓球的速度就会越来越高。

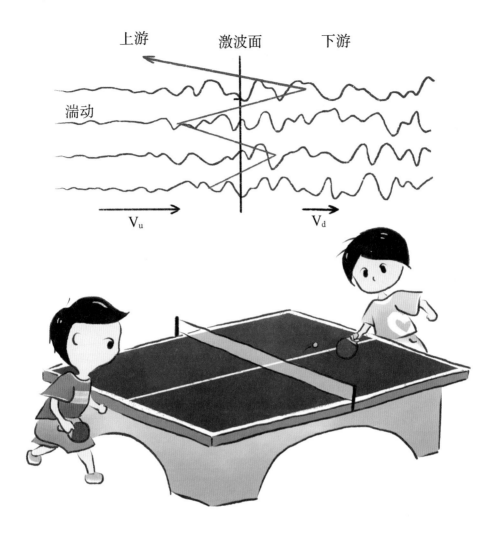

上：带电粒子的扩散激波加速示意图；下：类比打乒乓球 | 图源：紫金山天文台

○ 预加速

但是，激波上游背景中的热粒子是不能直接参与扩散激波加速的：一方面，粒子是冻结在等离子体中的，且热粒子回旋半径相对于湍动或者等离子体波动的波长太小，能不能"感受"到波动是一个问题；另一方面，入流粒子在激波面被减速完到下游之后是否还有足够的能量从下游追上激波并到达上游也是一个问题。

那么，如何让入流等离子体中"平凡"的粒子们摆脱冻结的"束缚"，并进一步提高一点能量呢？

6. 宇宙掠影

办法就是通过某种"预"加速机制，让上游的部分入流粒子获得初步的加速。对于离子来说，有两种预加速机制：部分投掷角合适的入流粒子会在激波面处发生梯度漂移并在此过程中得以加速——梯度漂移加速；另有一部分离子在到达激波面时，法向分量速度不能克服激波面内电势而被多次"弹"回来并得以加速，类似冲浪运动，故得名激波冲浪加速。

激波中离子的加速过程简单来说就是：在预加速之后进行扩散激波加速，最终达到较高能量。但是具体到不同等离子体和激波参数条件下，由于激波结构不同，离子加速过程也存在不同程度的差异。

质量远小于离子的电子通常更难进行扩散激波加速，但它们在高马赫数条件下是可以得到有效加速的，这一过程对于研究宇宙中超高马赫数激波中的电子加速和相关辐射特征至关重要。

日球层以外宇宙中的激波

○ 超新星爆发

核塌缩型超新星一般被认为是在大质量恒星演化末期，其核聚变产生的能量不足以平衡自身引力而发生坍缩，并进一步发生核爆炸引起的。Ia 型超新星爆发则是由白矮星不断从其伴星吸积物质，最终达到一定临界质量而发生热核爆炸产生的。在这些爆炸过程中，恒星物质可以以接近 0.1 倍光速的速度被抛射出去，并与周围星际介质相互作用，产生一个马赫数非常高的激波。爆炸初期激波马赫数可能达到 1 000 以上（日球层内由太阳风引起的激波马赫数在 10 上下）。这一激波膨胀过程在时间上可以持续几百乃至上万年，在空间上横跨上百光年，最终膨胀速度降低到当地声速。马赫数如此高、持续时间如此久、且空间尺度如此之大的激波为离子和电子的加速提供了绝佳的条件。

从钱德拉 X 射线天文台（Chandra X-ray Observatory）拍摄的第谷超新星遗迹可以看到，中心区域有数量巨大的爆炸碎片（绿色和红色），而其外围有一个蓝色球壳，这个蓝色球壳正是高能电子同步辐射产生的 X 射线辐射。同时，目前的研究广泛认为银河宇宙线（粒子能量约为 10^{10}~10^{15}eV）来源于离子在超新星遗迹中激波的加速过程。

我们想象在一个极端理想情况下，离子和电子可以被加速到其回旋半径与超新星遗迹尺寸相当，假设超新星遗迹直径100光年，其周围磁场和银河系平均磁场强度接近30nT，这样就可以估算一下该超新星遗迹理想情况下可以将粒子加速到的最高能量，感兴趣

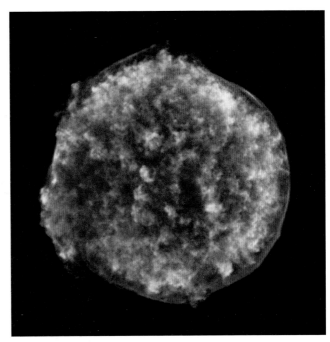

钱德拉 X 射线天文台拍摄的第谷超新星遗迹
| 图源：NASA / Chandra

的读者可以计算一下。但是实际情况中，离子和电子在激波中的加速过程比较复杂，且往往未能被加速到极端情况就会逃逸出这个"加速器"系统，即便有被加速到极端情况的粒子，数量也将会相当少。

在日球层以外的宇宙中，除了超新星爆发产生的高马赫数大尺度激波以外，还存在其他一些不同马赫数和不同尺度的激波。

○ 恒星运动

恒星相对于周围星际介质运动时，会在运动方向的前方形成激波，比如蛇夫座恒星天市右垣十一（距离地球约 460 光年）

蛇夫座天市右垣十一相对于周围星际介质运动形成激波（黄色拱状结构）| 图源：NASA/SPITZER

与其周围星际介质相互作用（相对运动速度 24 千米每秒）形成的弓形激波。与我们的太阳相比，其温度高 6 倍，尺度大 8 倍，质量大 20 倍，亮度强 8 000 倍，该激波尺度达到约 12 光年。

○ 喷流

喷流在恒星形成区是很常见的，它是新生恒星吸积物质带来的副产品，沿恒星旋转轴以几百公里每秒的速度向两极喷射而出，并与周围物质相互作用形成激波，产生红外线或可见光可观测到的赫比格 - 阿罗天体（Herbig-Haro object, HH object，简称 HH 天体），如图中的两个"拱形"结构，它们距离新生恒星约 3 光年。拥有类似双极喷流和对应激波的天文现象还有活动星系核和伽马射线暴，不过这两种现象中的喷流速度接近光速，对应产生的激波是相对论激波。

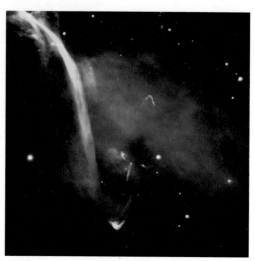

赫比格 - 阿罗天体（HH34）
| 图源：FORS, VLT, ESO

○ 星系团碰撞

尺度最大的当数星系团碰撞产生的激波了。下图中蓝色区域是由伦琴 X 射线天文台拍摄的星系团 CIZAJ2242.8+5301 中热气体的 X 射线辐射，红色区域为大型米波射电望远镜（Giant Metrewave Radio Telescope, GMRT）拍摄的激波引起的射电辐射。这个红色的激波结构是由两个星系碰撞并在 10 亿年前形成的，它距离地球 25 亿光年，且其结构（图中上侧）长度约为 6.5 百万光年，差不多是银河系宽度的 60 倍，并以九百万千米每小时的速度运动着。在这样一个可以持续近 10 亿年且尺度如此巨大的激波"加速

紫微
星语

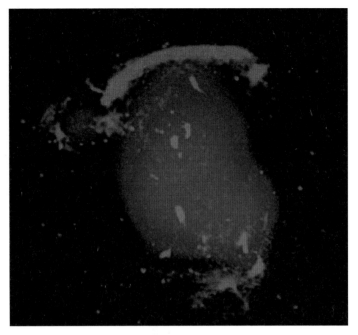

星系团 CIZAJ2242.8+5301 与其他星系团碰撞产生的激波
| 图源 R. J. van Weeren, Leiden Observatory

器"系统中,离子和电子可以有足够的时间和空间加速到接近光速的高能状态。

研究激波的作用

比如,研究水面上的船只高速运行产生的兴波阻力,人们发现可以通过将船型改成双体船或三体船,再或者在船头加装球形艏来减弱兴波阻力的影响。空气中的激波可能会在战斗机超音速飞行和人造飞船返回大气层阶段产生重要影响,尤其是人造飞船在返回大气层时产生的黑障,可以在飞船周围形成一个高温高压的等离子体层,不仅会屏蔽地面与返回舱的电磁信号,还会对飞船船体结构和舱内宇航员人身安全产生威胁,研究空气中的激波就可以尽可能找到解决办法减弱这些在空气中飞行的超音速飞行器所受的影响。

在太阳系中对与等离子体相关的激波进行研究主要是为了研究与太阳爆

6. 宇宙掠影

发相关的各种射电现象、太阳高能粒子事件、太阳风对行星磁层的影响（空间天气）和反常宇宙线的形成机制等。而在太阳系以外的宇宙空间中，伽马射线暴、某些 X 射线到红外波段宇宙结构的形成和演化、银河宇宙射线和更高能量粒子的产生等等都不同程度地与不同时间尺度、空间尺度和不同马赫数的等离子体激波有关。

研究手段

空气中的激波可以通过风洞来进行研究，所有飞行器的研制都离不开风洞。

对于宇宙中激波的研究则可以通过各类地面和空间的各种射电、光学和高能粒子观测设备进行。目前，在太阳大气以外，日球层顶以内与太阳风有关的各类激波都已积累了大量空间卫星的实地等离子体参数观测数据。利用中高功率激光产生等离子体并形成毫米尺度的激波的实验，在对激波形成和粒子加速研究方面也取得了大量的成果。除此之外，对等离子体中激波的数值模拟也很重要，对于不同时间和空间尺度的激波，我们可以选择包括磁流体、混合模拟（电子当作流体看待）和全粒子模拟来对激波结构演化和粒子动力学进行研究。

 郝宇飞 中国科学院紫金山天文台助理研究员。研究方向：空间等离子体中的无碰撞激波。

7

探测技术与方法
DETECTION
TECHNOLOGY&
METHODS

欲善其事，先利其器。人类通过创新探测技术和方法，建造科研重器，不断开辟新的观测窗口，拓展更广阔的发现空间，探索浩瀚宇宙的信号。

7.1　暗物质粒子探测进入新时期

茫茫宇宙，暗物质到底在哪儿？｜图源：pixabay

80 多年以前，科学家利用天文观测发现宇宙中广泛存在暗物质，然而时至今日，关于暗物质的本质我们仍然不甚了了。理论学家提出了林林总总的暗物质候选体，从天体级的黑洞到比中微子还轻许多个数量级的所谓 fuzzy dark matter，而最自然的是一类被称作"弱相互作用大质量粒子"(weakly interacting massive particle，WIMP) 的候选粒子，它们不仅对今天宇宙中暗物质的丰度给出了自然的解释，也为暗物质粒子探测提供了切实可行的方案。如果探测到暗物质粒子，必将打开一扇通往新物理世界的大门。

暗物质粒子直接探测

直接探测实验的原理是：当暗物质粒子和普通物质粒子（比如原子核）发生碰撞时，虽然暗物质粒子并不直接"可见"，但它们施加在普通物质粒子上的影响（例如动量交换）可以被精密的实验手段记录下来，从而推断出暗物质粒子的质量、碰撞截面等基本物理属性。

由于预期的暗物质和物质的相互作用很弱，直接探测实验的最大挑战来自本底的排除。通常，直接探测实验都选择放置在深地实验室中进行，利用

紫微
星语

中国锦屏地下实验室示意图｜图源：清华映像

厚厚的岩石来屏蔽宇宙射线本底。中国在四川锦屏山隧道中建设了"中国锦屏地下实验室"，其垂直岩石覆盖达到 2.4 千米，是世界上最深、宇宙射线本底最低的地下实验室。除了宇宙射线本底，探测材料、仪器设施以及岩石和空气中放射性本底也需要很仔细地排除或屏蔽。

国际上已经或者正在开展的暗物质直接探测实验有数十个，这也从一个侧面反映了暗物质探测的重要性。主要的技术手段包括低温半导体探测器、液态惰性气体探测器、过热液体探测器、闪烁晶体探测器以及气体时间投影室等。

目前，中国在锦屏地下实验室中运行有两个暗物质直接探测实验，即为采用低温半导体探测技术的中国暗物质实验 (China Dark Matter Experiment, CDEX) 和利用液氙探测技术的粒子和天体物理氙探测器（Particle and Astrophysical Xenon Detector, PandaX）实验。其中，CDEX 瞄准数倍质子质量的低质量参数区间，PandaX 则对大于 10 倍质子质量的参数区间敏感，两个实验均一度达到了国际上最好的灵敏度。

暗物质直接探测实验的灵敏度在过去 30 年里取得了巨大的提升。对于 WIMP 暗物质和核子的自旋无关弹性散射截面，最新的限制已达到 4×10^{-47} cm^2，离中微子"地板"只有大约 2~3 个数量级的距离。

目前，有几个实验正在进行新一轮升级，包括欧洲的 XENON、美国的 LZ 和中国的 PandaX，它们的目标均是将有效探测质量提高到数吨的水

7. 探测技术与方法

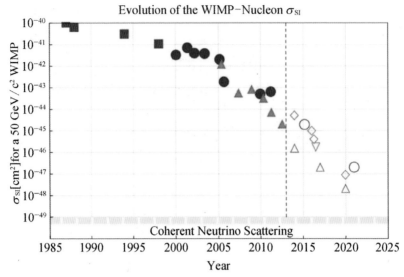

暗物质－核子自旋无关弹性散射截面灵敏度随时间的变化，其中暗物质粒子
质量假设为 50 GeV/c² | 图源：Cushman P., et al., 2013

平，从而进一步提高暗物质探测实验的灵敏度。如果暗物质粒子确实位于
10 GeV/c²~TeV/c² 质量区间，那么在未来几年，这几个实验将有可能探测
到暗物质粒子信号；而如果它们将灵敏度推到中微子"地板"却仍然没有探
测到信号，那么就需要新的暗物质直接探测思路，例如使用方向灵敏的气体
探测器技术。

暗物质粒子间接探测

　　另一种独立且互补的探测方法称作间接探测，主要是通过宇宙射线和伽
马射线探测器，来探测暗物质粒子湮灭或衰变后产生的粒子。
　　天体物理过程也会产生大量的宇宙射线和伽马射线，通过这种方法探测
暗物质粒子需要谨慎地排除天体物理背景的干扰，通常的做法是在高能宇宙
射线或伽马射线能谱中去寻找具有奇特特征的能谱结构，或者试图从伽马射
线方向分布中寻找与暗物质分布吻合的辐射。另外一个压低天体物理背景的
做法是研究宇宙射线中的反物质粒子，如正电子和反质子，它们主要由宇宙

射线核素和星际介质碰撞产生，其流量比相应的正粒子流量低许多，而且可以通过宇宙射线模型比较准确地进行计算。

近些年，暗物质间接探测也取得了长足的发展。早在 20 世纪 90 年代，科学家就通过高空气球实验开展了宇宙射线正电子和反质子的观测，主要实验有 HEAT、BESS 等。1998 年，丁肇中教授领导的阿尔法磁谱仪实验 (Alpha Magnetic Spectrometer Experiment, AMS-01) 搭载航天飞机进行了两个星期的技术验证飞行。这些实验发现宇宙射线正电子可能在高能量段存在超出背景模型的迹象，不过由于统计量很小，观测误差很大，难以得到确切结论。

2009 年，PAMELA 实验（Payload for Antimatter Matter Exploration and Light-nuclei Astrophysics）首次清楚地观测到正电子占正负电子总和的比例在约 10 GeV 以上呈现明显超出背景模型的趋势。2013 年，放置于国际空间站上的阿尔法磁谱仪（Alpha Magnetic Spectrometer, AMS-02）实验发表了非常精确的正电子比例观测结果，进一步确认该"超出"的存在。随后，AMS-02 的新测量结果还发现正电子能谱可能存在截断，特征截断能量约为 810 GeV。

暗物质湮灭或衰变模型至今仍然是宇宙射线正电子"超出"的一个富有吸引力的解释，虽然天体物理学家也提议用类似脉冲星这样的天体来解释该现象。区分暗物质模型和天体物理模型需要将正电子能谱以更高精度测到更高能段，而这在实验观测上存在很大的难度，因为如果想建造一个比 AMS-02 更大的磁谱仪并发射上天，

安装在国际空间站上的 AMS-02 | 图源：NASA

7. 探测技术与方法

ATIC 南极气球实验 | 图源：Louisiana State University

无论是技术上还是资金上，挑战都是巨大的。

因为正电子在正负电子总和中所占的比例约为 10%（在高能段，该比例甚至更高），如果能够准确测量正负电子总谱而不用区分正和负电子，仍然有可能探测到暗物质遗留下的信号，而用一个全吸收型的电磁量能器就可以相对容易地实现对正负电子总谱的精确测量，这样便可以以很低的成本将观测推到很高的能段。

这个想法首先在南极气球实验：高新薄离子量能器实验（Advanced Thin Ionization Calorimeter experiment, ATIC）中得到了验证。通过几个星期的短暂飞行，ATIC 气球实验记录到了能量高达约 3 TeV 的电子，并且发现正负电子总谱在 0.3~0.8 TeV 存在相对于常规模型预期的"超出"。ATIC 观测到的正负电子总谱"超出"得到了后来的费米大视场望远镜（Fermi Large Area Telescope, Fermi-LAT）和 AMS-02 等实验的确认。

物理上，该正负电子总谱"超出"可能与正电子"超出"具有相同的起源，但同样为了区分不同模型，我们需要更精细的观测结果。为此，中国科学院空间科学先导专项资助研发了暗物质粒子探测卫星 (Dark Matter Particle Explorer, DAMPE，即"悟空"号）。DAMPE 采用厚的、全吸收型量能器方案，可以实现对能量高达 10 TeV 的正负电子以约 1% 的能量分辨率进行高统计量、低本底的观测。

2017 年，DAMPE 发表了 25 GeV~4.6 TeV 能段的正负电子能谱精确测量结果，证实了在 ~100 GeV 以上能段正负电子总谱的"超出"，而且首次以高置信度直接观测到正负电子总谱在 0.9 TeV 处的能谱拐折。

紫微星语

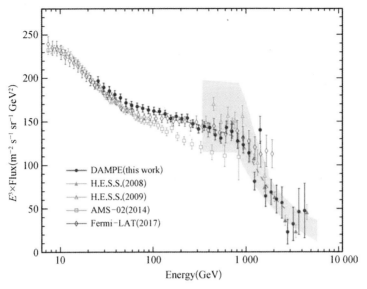

DAMPE 测量的正负电子能谱和其他实验结果的比较
| 图源：Ambrosi G, et al., 2017

此外，DAMPE 的结果还在 1.4 TeV 能量处观察到能谱精细结构的存在迹象。DAMPE 的观测结果为理解 TeV 正负电子起源提供了重要数据，也对一些暗物质模型给出很强的限制。目前，DAMPE 卫星在轨工作状态非常稳定，各探测器一切正常，我们期待 DAMPE 通过积累更多观测数据为暗物质间接探测作出重要贡献。

伽马射线也是暗物质间接探测的重要手段，一方面是因为伽马射线沿直线传播，可以直接示踪其源头，另一方面，不同于带电粒子，伽马射线在传播过程中较少发生相互作用，可以很大程度上保留产生时的能谱形状。这两方面特征使得伽马射线在暗物质间接探测方面具有独到的优势。

对暗物质探测最理想的信号是 GeV 能段以上的单能伽马射线线谱辐射，因为没有已知的天体物理过程可以产生这样的单能线谱。人们利用空间卫星 Fermi-LAT 以及地面切伦科夫望远镜开展了大量的线谱搜寻工作，不过迄今为止还没有确切的线谱信号被发现。

伽马射线线谱的探测灵敏度非常依赖于仪器的能量分辨率，Fermi-

7. 探测技术与方法

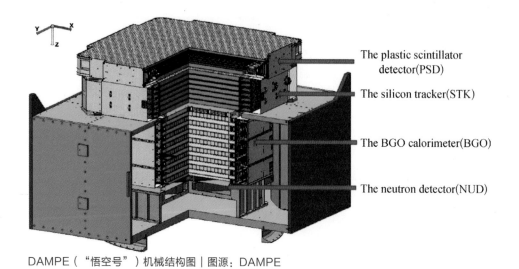

The plastic scintillator detector(PSD)

The silicon tracker(STK)

The BGO calorimeter(BGO)

The neutron detector(NUD)

DAMPE（"悟空号"）机械结构图 | 图源：DAMPE

LAT 和现有切伦科夫望远镜的能量分辨率只能达到 10% 的水平，其线谱探测灵敏度受限。我国的 DAMPE 卫星对 10 GeV 以上的伽马射线能量分辨率好于 1.5%，因此非常适合从事线谱搜寻的工作，目前相关工作正在开展。

伽马射线连续辐射也被广泛用于暗物质探测。理论上预期暗物质粒子湮灭或衰变可能产生夸克、轻子等标准模型粒子，这些粒子最终会辐射出次级伽马光子，其能谱呈现为连续谱。为了和天体物理过程产生的伽马射线辐射区分开，人们通常会有意识地选择"信噪比"较高的天区观测研究，比如银河系中心、矮椭球星系、大质量星系团等方向。

通过 Fermi-LAT 数据，科学家在银河系中心方向发现了一个圆对称的延展伽马射线"超出"。如果用暗物质模型拟合数据，得到的暗物质粒子质量大约为 50 GeV/c^2，湮灭截面与热产生模型中解释暗物质丰度所要求的截面相一致。这个结果曾经一度让人觉得欢欣鼓舞，不过也有理论认为银河系核球中可能存在大量的毫秒脉冲星，它们作为一个集体贡献了观测到的"超出"。

除此之外，在个别矮椭球星系中，科研人员也发现可能存在疑似伽马射线辐射，不过目前数据的置信度还太低，不能下确切结论。对这些问题的进一步认识需要更加强有力的伽马射线观测设备，同时辅以射电 –X 射线的多波段观测。

目前空间伽马射线观测还是 Fermi-LAT 最为强大，Fermi-LAT 之后的伽马射线望远镜可能需要走兼顾大面积和高能量分辨率的道路。基于我国空间站的"空间高能宇宙辐射探测设施"(High Energy Cosmic Radiation Detection, HERD) 正在进行这方面的尝试。HERD 采用三维颗粒式的量能器方案，可以实现五面有效探测，显著增大了观测天区，从而以较小的探测面积实现较大的接受度。

暗物质粒子探测卫星团队正在酝酿下一代空间暗物质探测实验——甚大面积伽马射线空间望远镜（Very Large Area Gamma-ray Space Telescope, VLAST）。VLAST 伽马射线观测的接受度和能量分辨率将显著超越 Fermi-LAT，同时还可以观测非常高能量的正负电子和宇宙射线，预期将在高灵敏度暗物质探测和高能时域天文研究方面发挥引领作用。

与空间实验相比，地基伽马射线观测优势在更高能量段，因此对于更重的暗物质粒子更加灵敏。地基伽马射线探测技术主要有大气切伦科夫望远镜（atmospheric Cherenkov telescope）、水切伦科夫望远镜（water Cherenkov telescope）、明野巨型空气簇射阵（Akeno Giant Air Shower Array, AGASA）等。

现在新一代空气切伦科夫望远镜 :CTA 切伦科夫望远镜阵（Cherenkov Telescope Array, CTA）已经进入实验建设阶段。位于四川稻城的"高海拔宇宙线观测站"(Large High Altitude Air Shower Observatory, LHAASO) 是一个采用多种探测技术的复合宇宙射线和伽马射线观测阵列，其工程建设已经过半，部分前期阵列已经开始取数，预计将很快获得科学成果。CTA 和 LHAASO 投入运行之后对暗物质（特别是重暗物质）间接观测的灵敏度也将大幅提升。

非 WIMP 暗物质探测

值得注意的是，虽然绝大多数实验仍然瞄准 WIMP 暗物质开展，我们也不应该忽略了暗物质粒子不是 WIMP 粒子的可能性。

不同的暗物质探测需要不同的实验手段，比如轴子暗物质通常利用微波谐振腔实验探测，惰性中微子则需要高能量分辨率的 X 射线望远镜。由于暗物质候选模型种类实在繁多，针对每种模型设计建造相应的实验去探测它们可能不是一个经济的办法。借助已有的天文或物理实验，延伸其科学目标开展相应的暗物质探测，则不失为目前的首选方案。

人们从天文学观测中推断暗物质的存在已有 80 多年的历史，通过物理学实验探测暗物质也有 30 多年的历史，虽然我们仍然不能回答"暗物质是什么"这样的问题，但长期以来的努力也让我们对暗物质的一些性质（比如与普通物质的相互作用强度）获得了更加深刻的认识，这些认识也促使我们对新物理的理论进行新的思考（例如超对称理论）。

可以预期，在未来很长一段时间里，对暗物质粒子本质的探索仍将是世界科技前沿热点问题。世界各国不遗余力地开展了多项实验试图探测暗物质粒子，同时还有一系列新的实验正在建造或者酝酿，包括上述几个吨级直接探测实验、CTA 切伦科夫望远镜阵以及下一代空间探测实验。

值得欣喜的是，这次我国科学家没有仅作为旁观者，我们通过地下和空间的数项实验一举站在了暗物质探测的国际最前沿。这些实验，协同国际上的其他实验一起，可望在不远的将来取得暗物质探测的真正突破。此外，我国也有一大批理论学家在暗物质粒子模型、宇宙学分布和演化等领域开展了很多具有较大影响力的工作。通过理论和实验相结合，我国科学家将有望在认清暗物质粒子本质的过程中起到中流砥柱的作用。

本文原发表于《科学通报》

常进 中国科学院院士，"悟空"号暗物质粒子探测卫星首席科学家。研究方向：空间高能粒子、电子的探测技术方法及科学实验研究。

7.2 "悟空"号：
"软硬"兼备的宇宙线质子

"悟空"号暗物质粒子探测卫星是中国发射的首颗专门用于空间科学研究的卫星，其主要科学目标是寻找宇宙中的暗物质。首批成果于 2017 年 11 月发表后，《自然》杂志曾评论"'悟空'号卫星开启了中国空间科学新时代"。那么除了寻找暗物质，"悟空"号在空间科学研究中还能有哪些贡献呢？下面就让我们一起来了解"悟空"号对宇宙线质子的最新研究成果。

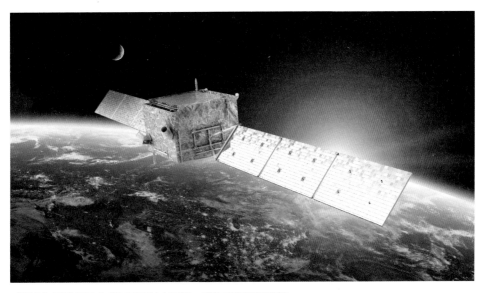

"悟空"号卫星的艺术加工图片 | 图源：暗物质卫星项目组

我们常说观察宇宙有四大手段：电磁波、宇宙线、中微子和引力波。随着激光干涉引力波观测台（LIGO）于 2015 年发现引力波，今天的人们已经可以通过这四种手段全方位地审视宇宙中发生的故事，天文学的研究真正意义上进入了"多信使"的时代。虽然电磁波仍然毫无悬念地为我们提供着

7. 探测技术与方法

最为丰富的宇宙信息，其他手段却往往能起到非常关键和独特的作用，也因此"一个都不能少"。"悟空"号三大科学目标中，第二个便是宇宙线相关物理问题研究。

宇宙线的发现

宇宙线的发现要追溯到一百多年以前对空气电离率的研究。那时候微观世界的大门才刚刚打开，贝克勒尔（Henri Becquerel）发现了天然放射性，人们普遍认为是地壳中的放射性元素导致空气电离。以赫斯（Victor Franz Hess）为代表的科学家开展了一系列关于空气电离率的实验研究，逐渐改变了这种认识，特别是赫斯在 1912 年乘坐热气球飞到 5 000 多米的高空，发现海拔越高空气电离越严重，5 000 米以上的高空电离率是海平面的数倍。这就表明导致空气电离的源应该是自上而下进入大气层，是来自"宇宙的辐射"，后来被称为宇宙线。赫斯也因此获得了 1936 年诺贝尔物理学奖。

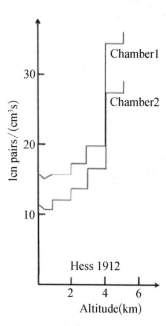

左：赫斯乘坐热气球做实验；右：赫斯测得的空气电离率随海拔高度的变化
| 图源：Michael Friedlander, 2012（左）；V. F. Hess, 1912（右）

宇宙线基本性质

宇宙线中最主要的粒子是质子，约占 87%，其次是氦原子核，约占 12%，余下约 1% 是各种重原子核、少量电子、伽马光子以及微量反物质粒子（主要有正电子和反质子）。不同种类的粒子数量千差万别，这对观测宇宙线提出了挑战，需要仪器具有特殊的本领以准确区分不同的粒子。"悟空"号所拥有的一项看家本领就是可以准确地区分各种宇宙线粒子。除了正反粒子不能区分以外，别的粒子均可以通过绝对电荷值测量以及不同粒子相互作用属性差异进行高分辨率鉴别。

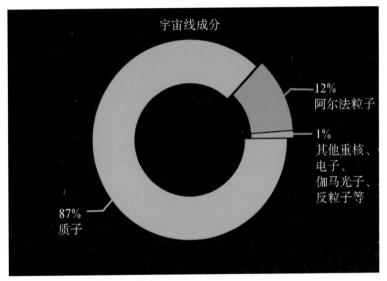

宇宙线成分示意图 | 图源：作者

宇宙线的能谱（即不同能量的粒子数目）大体服从幂律谱分布，能量越高，粒子数目越少。不同能量的宇宙线粒子数目差异巨大，如下图所示，10^{15} 电子伏特（电子伏特为能量单位，记作 eV，太阳发出的光子能量约为 1 eV）能量处每平方米每年可以接收到 1 个粒子，而能量提高 3 个数量级到 10^{18} eV 处每平方千米每年才有 1 个粒子。宇宙线的这个特征同样对实验探测提出了特殊的要求。一般来说低能粒子（10^{14} eV 以下）是通

7. 探测技术与方法

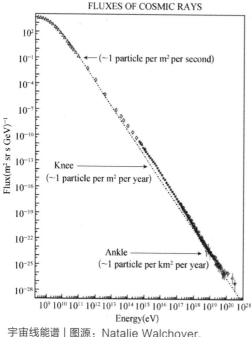

FLUXES OF COSMIC RAYS

(~1 particle per m² per second)

Knee
(~1 particle per m² per year)

Ankle
(~1 particle per km² per year)

Flux(m² sr s GeV)⁻¹

Energy(eV)

宇宙线能谱 | 图源：Natalie Walchover, 2015, quantamagazine.org

过空间实验（包括高空气球和空间卫星）直接探测，而高能粒子由于数目稀少，空间实验已无法探测到有效的事例。不过高能宇宙线恰好有个效应：可以和空气原子核发生反应产生次级粒子，次级粒子进一步反应产生更多的粒子，如此过程反复进行，最后形成覆盖很宽范围的次级粒子"雨"，称作空气簇射。我们可以在地面通过大型探测器阵列记录这些次级粒子，从而间接探测到高能宇宙线粒子。

宇宙线的能谱也并非是单调乏味的幂律谱，而是呈现出各种各样的结构，例如上图所示的"膝（Knee）"和"踝（Ankle）"等，这是类比人的膝盖和脚踝而得的名称，反映了能谱斜率的变化行为。正是这些结构蕴含了丰富的关于宇宙线的加速、传播、相互作用等物理过程的信息。精确测量宇宙线的能谱结构是宇宙线实验研究的重点。

研究宇宙线有什么用？

宇宙线曾经对基本粒子物理学科起到了非常重要的作用，它们和物质的相互作用就类似于人造加速器以及对撞机，但宇宙线可以达到远远高于人造加速器的能量。人们从宇宙线中发现了一大批新粒子，有效地推动了人类对物质基本结构及其相互作用规律的认识。宇宙线还跟宇宙中极端天体现象紧密联系，反映了天体的形成和演化规律。宇宙线跟人类生活也具有关系，比如科学家将种子送到太空经过宇宙线辐照之后，种子发生基因突变，可以筛

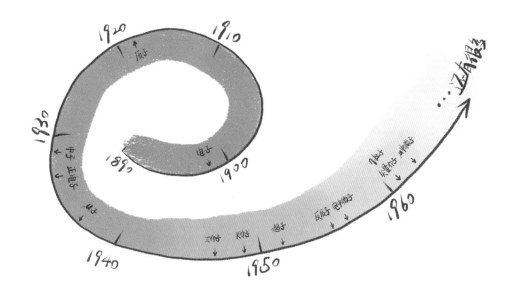

粒子发现简史 | 图源：紫金山天文台

选出优良的品种；也有人利用宇宙线缪子（一种穿透力很强的粒子）对金字塔成像，进行考古研究等。

"悟空"号的最新成果

"悟空"号寻找暗物质的研究聚焦于高能电子宇宙线能谱。为了得到纯净的高能电子样本，要想尽办法剔除来自质子的污染。然而恰恰是这些被剔除的质子中却又隐藏着丰富而神秘的宇宙信息。

北京时间 2019 年 9 月 28 日，"悟空"号国际合作组在《科学进展》杂志发表了从 40 GeV 到 100 TeV 能段的宇宙线质子精确能谱测量结果（1 GeV=10^9 eV，1 TeV=10^{12} eV）。这是国际上首次利用空间实验实现对高达 100 TeV 的宇宙线质子能谱的精确测量。"悟空"号的测量结果确认了之前发现的质子能谱在数百 GeV 处的变"硬"行为，这里"硬"和"软"衡量的是其中高能量粒子占比的多和少。更为重要的是，"悟空"

7. 探测技术与方法

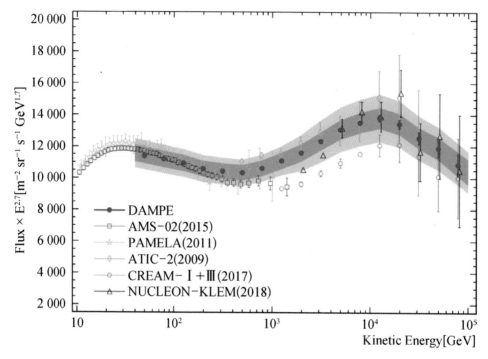

"悟空"号探测的 40 GeV~100 TeV 能段宇宙线质子能谱（红点）| 图源：DAMPE

号首次发现质子能谱在约 14 TeV 处出现明显的能谱变"软"结构。

"悟空"号的新成果对揭示高能宇宙线的起源以及加速机制具有十分重要的意义。我们对这个结果给出两种理论上的推测。14 TeV 处能谱变软的结构很可能是地球附近个别宇宙线源留下的印记，拐折能量即对应于这个源的加速上限。基于该模型对数据的拟合如下图所示。也有另外一种可能性，即银河系中宇宙线源存在不同种类，它们给出具有差异的宇宙线能谱，其总和即为观测到的复杂能谱结构。

无论是哪种图像，"悟空"号的结果无疑都促使我们进一步思考宇宙线相关的基本物理问题，即它们起源于何种天体以及被加速的过程具有什么样的特性等等。这些问题的最终解答，仍然需要更多的观测数据，甚至包括和地面实验（例如四川稻城在建的"高海拔宇宙线观测站"）观测的结合。

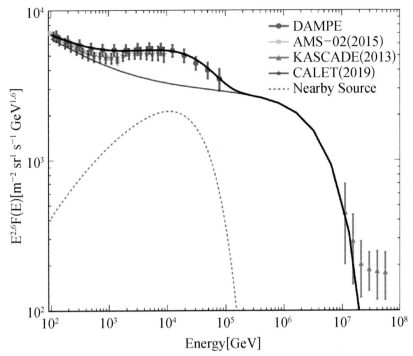

解释"悟空"号质子能谱的一个理论模型 | 图源：作者

　　"悟空"号目前工作状态良好，正在持续积累数据，未来将陆续发表更多的观测成果，特别是对不同的核素宇宙线的能谱测量结果，必将为宇宙线学科发展做出突出的贡献。

作者简介 **袁强** 中国科学院紫金山天文台研究员。研究方向：高能天体物理、暗物质间接探测、宇宙线物理。

7. 探测技术与方法

7.3 银河,要怎样才能看透你

在晴朗无月的夏夜仰望星空,我们会看到一条明暗交织的光带跨越整个夜空,这就是银河,传说中王母娘娘拔出银簪划下的那条隔断织女和牛郎的天河。现在我们已经知道,它是由数千亿颗恒星和数不清的星际物质所组成的一个旋涡星系——宇宙中最优美的一类天体:它们以 10 万光年以上的规模炫耀着一幅幅海贝般的螺旋图案,由灿烂的蓝色恒星和橙色或暗红色的气体尘埃云所镶嵌的旋臂翻转缠绕,宛如太空中的巨大涡流。

我们的太阳系位于银河系内的一条旋臂上,因此从地球上很难看清楚银河系的旋臂结构,正所谓"不识庐山真面目,只缘身在此山中"。加之旋臂上天体距离的不确定性,我们甚至都不能确定银河系到底有几条旋臂。有关银河系的旋臂模型迄今已经超过 100 种,这可能是天文学中持续时间最长的课题之一。

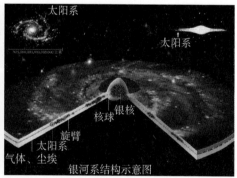

左:夏夜星空肉眼可见的银河;右:银河系结构示意图
| 图源 freenaturestock.com(左);中国数字科技馆(右)

描绘银河系结构的关键在于找到一把"量天尺",精准测量出其中天体的距离。

视差法：古老但可靠

天体的距离是天文学观测宇宙的最基本参数之一。视差法是天文学中测量距离最古老、最直观、也是最可靠的方法，因为它只需要简单的几何知识，不需要涉及物理。由地球绕太阳的周年运动所引起的天体视位置的变化称为周年视差，测出了天体的周年视差就可以通过简单的几何关系得知天体的距离。

视差法的原理很简单：保持你的右臂伸直，闭上左眼，并竖起大拇指瞄准远处的一个物体。现在，睁开左眼，闭上右眼。你会发现拇指相对于远处物体产生了位移。接下来，慢慢收回右臂，同时交替闭上左眼或右眼。有没有发现随着拇指越来越靠近双眼，这个位移会越来越大。如果能测量这个位移，并知道双眼的瞳距，即可计算出拇指的距离。眼睛所看到物体相对于背景的这种位移就叫视差。

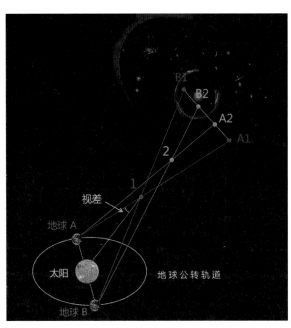

三角视差方法测量天体距离的原理示意图
| 图源：紫金山天文台

天文学家充分利用地球公转轨道（半径约 1.5 亿千米）半年前后分居太阳两侧的机会，测量同一颗亮星相对于背景暗弱恒星（通常距离更远）的视差，用以计算亮星的距离。这种方法测得的视差就叫恒星视差，或三角视差。

1838 年，德国天文学家贝塞尔（F. W. Bessel）成功测得恒星天鹅座 61（61 Cygni）的视差（0.28 角秒，1 度 = 3 600 角秒），并计算出它到地球的距离约为 100 万亿千米（或 10.3 光年），从而成为使用三角视差方法精确测量恒星距离的第一人。

7. 探测技术与方法

但是对于更遥远的天体，其视差是很小的。比如一个距离为 6 500 光年（大致为英仙臂的距离）的天体，其视差只有 0.5 毫角秒（mas，千分之一角秒）。这相当于从 1 万千米外看一枚一元钱硬币（直径 25 毫米）的张角。

光学观测无法"看穿"那些被恒星遮挡的天体，因此也无法测量被银河系核球所遮挡的背面天体的距离。传统的光学三角视差还因为受到尘埃消光等因素的影响，而只能测量太阳附近 300 光年范围内天体的距离。即便是像欧洲空间局（ESA）的盖亚天文卫星（Gaia Astrometry Satellite）所完成的史无前例的宏伟计划——迄今太阳系附近最大样本（超过十亿颗）恒星的最精确位置、自行（恒星在天空中的移动）和几何距离测量，通过三角视差辅以造父变星（可以简单地通过光度获得距离信息）等其他方法对距离的测量，虽然预言的理论精度能够达到 10 微角秒（μas，百万分之一角秒），但截至 2018 年 4 月，第二批释放的 Gaia 数据（Gaia DR2）也只能精确测量太阳系附近 3 000 光年范围内恒星的距离，对更远的恒星仍然望尘莫及。而对于直径约为 10 万光年的银盘来说，这只是冰山一角，远不能描绘银河系的整体图像。

好在我们现在已经知道，银河系大量的恒星诞生于旋臂中的致密分子云核"胚胎"中，所以通过射电波段对这些分子云核距离的巡天观测，可以很好地弥补光学观测手段的不足，使银河系中更遥远天体距离的精确测定成为可能，从而可以给出更为完整和精确的银河系"地图"。

不过，要想测量整个银河系的结构，必须提高望远镜的分辨率，选择合适的示踪天体。

量天尺：脉泽 +VLBA

脉泽是一种射电波段宇宙激光，主要来自羟基 (OH)、水蒸气 (H_2O)、一氧化硅 (SiO) 和甲醇 (CH_3OH) 等星际分子的受激辐射，一般具有很高的亮温度（超过亿度甚至万亿度）和很小的空间尺度（毫角秒量级）。它与正在形成恒星的分子云（或称恒星形成区）成协，并能穿透银盘上浓密的恒星以及气体和尘埃的遮挡而被地球上的射电望远镜观测到。银河系旋臂上聚集了绝大多数的恒星形成区，脉泽因此成为研究银河系旋臂结构的最佳示踪天体。

天文学家们提出用世界上分辨率最高的望远镜——甚长基线射电望远镜阵（Very Long Baseline Array, VLBA）测量脉泽的三角视差和自行，实现银河系旋臂结构和运动学性质的高精度直接测量。

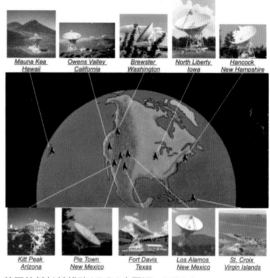

美国的甚长基线阵 VLBA | 图源：NRAO

VLBA 是由横跨美国的 10 台口径 25 米的射电望远镜组成的一个功能强大的阵列，它的最长基线可达 8 611 千米，分辨率能够达到 0.3 毫角秒，相当于人类能够阅读 4 000 千米以外的报纸。类似的望远镜还有欧洲甚长基线干涉网（European VLBI Network, EVN）、日本的 VERA（VLBI Exploration of Radio Astrometry）、中国甚长基线干涉网（Chinese VLBI network, CVN）等。

新纪元：英仙臂距离高精度测量

在观测过程中，天文学家首次将复杂的 VLBI 相位校准、实时地球大气延迟测量和相位参考技术结合起来，实现技术上的突破创新，使视差的测量精度达到 5 微角秒,比同时期三角视差测量精度最高的依巴谷天文卫星(High Precision Parallax Collecting Satellite, Hipparcos）提高了 200 倍，比 Gaia DR2 数据精度高约 10 倍，天体距离测量可达 6 万光年。

7. 探测技术与方法

2006 年，以中国科学家为首的一个国际合作团队运用这项技术首次精确测定银河系太阳系外侧最近的一条旋臂——英仙臂的距离为 6 360±40 光年，精度达到 2%，这是对如此遥远天体距离前所未有的最高精度测量。该研究彻底解决了天文界关于英仙臂距离的长期争论，标志着直接测量银河系结构成为可能。该成果荣登《科学》杂志封面。《科学》杂志专文评述该工作：开创了三角视差测量的新纪元。

旋臂结构是如何形成的

旋涡星系通常有 2~4 条旋臂，有 2 条主旋臂好像经过宏观精心设计的宏象旋涡结构（grand design spiral，如 M51），也有多条旋臂且结构较复杂的情况（如 NGC 1232）。

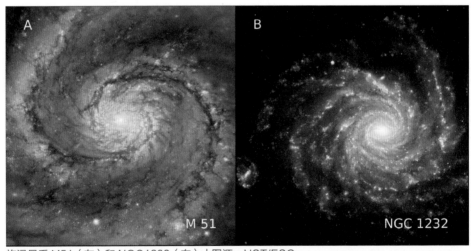

旋涡星系 M51（左）和 NGC1232（右）｜图源：HST/ESO

○ 密度波理论：巧解旋臂的形成

从 1845 年，英国天文学家第三代罗斯伯爵威廉·帕森斯（William Parsons, third Earl of Rosse）第一次发现 M51 的旋涡图样开始，天文学家便被这种奇特的旋臂结构所吸引。后来，天文学家基于大量的观测得知我们的银河系也是一个旋涡星系。那么这种结构是如何产生的呢？

1942 年由瑞典天文学家贝蒂尔·林德布拉德（Bertil Lindblad）提出，后经华裔天文学家林家翘和徐遐生等人不断完善的密度波理论成为迄今最受欢迎的星系旋涡结构形成理论。密度波理论认为旋臂并非物理意义上的物质"存在"，而是恒星穿越时的"交通拥堵"造成的：恒星或分子云围绕银河系中心并非做完美的圆周运动，而是做类似太阳系中彗星一样的椭圆运动。恒星或分子云运动到椭圆轨道的较远端时会减速到最慢，而当有大批的恒星运动到这个拐点时，就出现了"拥堵"。密度扰动的传播速度不同于其中天体的运动速度，从而形成密度波。

由于密度波中物质引力的存在，恒星或分子云在接近密度波时会加速，而当离开时会减速，从而使它们在密度波附近逗留的时间相对较长，在整个星系的尺度上就会像正在上紧的发条，形成明显的旋臂结构。

恒星或分子云会继续沿着自己的轨道运行，随着银河系的自转穿越旋臂。因此，旋臂中的恒星或分子云并非一成不变，而是由不断穿越时驻足的不同恒星或分子云组成。

同时，分子云在穿越密度波时密度会增加，更容易发生坍缩，形成恒星；密度波扫过分子云时，会发生云云碰撞，形成冲击波，并加速分子云坍缩而形成恒星的过程。

密度波理论的提出，使得人们不需要进行复杂的 N 体模拟就可以很好地理解旋涡星系的旋臂结构，巧妙地解释了星系旋臂结构的形成机制。

○ 密度波又是怎样产生的呢

星系本身的不对称、伴星系的扰动和碰撞、暗物质晕和星系盘等都有可能对旋臂的产生和发展产生一定影响，只是具体的影响还在研究中。密度波一经形成，就可以在星系强大的自引力作用下放大和生长。

最近一项基于盖亚天文卫星对银河系 10 亿多颗恒星的距离和自行观测的研究表明：银河系曾在 80 亿~110 亿年前与一个巨大的伴星系发生过碰

7. 探测技术与方法

撞，这是银河系旋臂结构形成前迄今已知的最后一次大碰撞。而现在银河系的旋臂结构可能就是那次碰撞留下的"涟漪"。

○ 银河系到底有几条旋臂

一个让公众听起来也许觉得"可笑"的事实是，天文学家们一直为我们的银河系到底有几条旋臂争论不休。更"可笑"的是，争论的焦点不是百条、千条，而是区区的 2 条还是 4 条。难道全世界这么多聪明的天文学家，连一只手就能解决的数数都搞不定吗？

这对身处银河系旋臂中的我们还的确是个难题。天文学家努力尝试根据不同波段和手段获得的信息来解决这一难题，而其中，恒星、星云和正在形成恒星的分子云等距离的精确测量则是关键中的关键。

广域红外巡天探测者（Wide-field Infrared Survey Explorer，WISE）

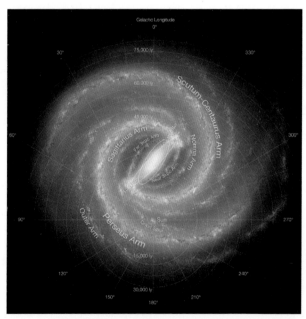

WISE 红外卫星的结果表明银河系是一个有 4 条旋臂的棒旋星系
| 图源：NASA/JPL-Caltech/ESO/R. Hurt (SSC-CALTECH)

紫微
星语

全天巡天的结果支持银河系是一个有 4 条旋臂的棒旋星系。其中从星系棒
（Galactic Bar）的两端长出并缠绕着核球的两条旋臂——英仙臂（Perseus
Arm）和盾牌－半人马臂（Scutum-Centaurus Arm）较为显著，而相比之下，
人马臂（Sagittarius Arm）和矩尺－外臂（Norma-Outer Arm）中虽有大
致相当的分子气体成分，但恒星数明显少于前两条旋臂。

BeSSeL 计划：旋臂结构的精确测定

　　2009 年中、美、德等国天文学家共同提出了一个雄心勃勃的"贝塞尔计划"
（Bar and Spiral Structure Legacy (BeSSeL) Survey）。这是一个致敬
先驱的计划，也是迄今为止国际上最大的精确测量银河系结构计划，需要安

排 5 000 小时的 VLBA 的
观测时间。

　　十年间，他们精确测量
了几百个脉泽的视差和自
行，确定了银河系多条旋
臂的结构和运动学性质，
并由此限定了银河系的基
本参数及旋转曲线。

贝塞尔计划 | 图源：bessel.vlbi-astrometry.org

○ 本地臂：主旋臂还是刺？
　　太阳处在英仙臂和人马臂之间由一些年轻恒星构成的物质团的最内侧，
因为这些物质与猎户星座临近，常被称为猎户臂（Orion Arm）、猎户刺
（Orion Spur）或者本地臂（Local Arm）。长期以来，天文界一直认为
本地臂是银河系主旋臂上延伸出来的一段微小的次级结构。经典的密度波理
论认为，银河系可能有 4 条主旋臂，本地臂所在区域是不可能存在主旋臂的。
　　BeSSeL 团队根据脉泽视差测量的结果发现：在太阳附近脉泽的分布
有点出人意料，它清楚地勾画出了一条长度超过 25 000 光年，宽约 3 000

光年，类似其他银河系主旋臂的结构，它位于英仙臂和人马臂之间，太阳就处于它的内侧——这就是银河系本地臂！本地臂上分布了丰富的大质量恒星形成区，数目远比人们以前认为的要多。同时，他们还发现了一条长约 12 000 光年，像"鹊桥"一样连接了本地臂和人马臂的银河系内最长的次结构。

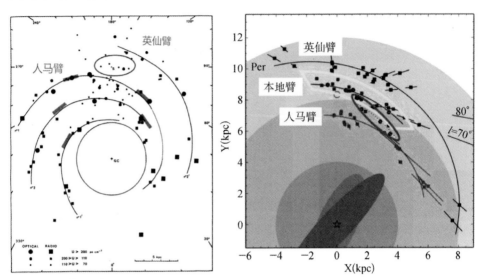

左：Georgelin & Georgelin（1976）模型被广泛引用，奉为银河系结构的标准模型，在太阳附近只有零星物质存在（蓝色椭圆）；右：太阳附近大量的物质组成了一条新旋臂——本地臂（黄色圆弧），红色椭圆内的虚线为连接本地臂和人马臂的次结构
| 图源：A&A / Science Advance（左）；紫金山天文台（右）

这是自 1952 年美国天文学家摩根（Morgan）首次测量太阳附近银河系旋臂结构后，近 70 年来银河系旋臂结构研究取得的重大进展。它推翻了国际天文界长期认为本地臂是主旋臂上一个微小的次级结构的观点，揭示了银河系可能不是类似 M51 那样单纯由宏伟的、规则的螺旋形主旋臂所组成的旋涡星系，而是类似 NGC1232 那样在主旋臂间有着次结构的复杂的旋涡星系，标志着精确测量银河系旋臂结构和运动已经成为现实。

该研究成果在 2016 年 9 月被《科学进展》（Science Advances）作为亮点工作发表，被《科学》杂志评价为"以前所未有的细节"，描绘了银河系内离我们最近的旋臂的结构。

到目前为止，BeSSeL 项目已经精确测量 200 多个脉泽的距离和运动

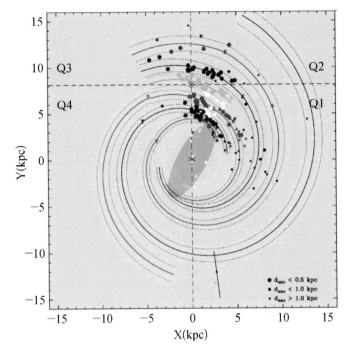

银河系旋臂结构平面示意图

根据迄今所有大质量恒星形成区三角视差测量结果（圆点）更新。不同颜色的螺旋线代表不同的旋臂（实线表示中心，点线表示宽度），分别为：黄色：3千秒差距臂、红色：矩尺－外臂、蓝色：盾牌－半人马臂、紫色：人马－船底臂、青色：本地臂、黑色：英仙臂。⊙表示太阳的位置 | 图源：bessel.vlbi-astrometry.org

速度。其中最远一颗脉泽的距离为 66 000 光年，穿过银河系中心直到银河系的对面区域。研究结果显示：银河系有 5 条物质格外稠密的旋臂，从银心向外依次是盾牌臂、人马臂、本地臂、英仙臂和外臂；太阳系到银心的距离为 27 000 光年，它以每秒 240 千米的速度绕银河系中心旋转，大约 2 亿 5 千万年转一圈。

从简单到复杂，在精确测量银河系结构的路上，天文学家通过从整体结构到细节的研究，一步步丰富人类对自己家园的认识。我们完全有理由相信，随着观测技术和研究方法的不断进步，对银河系结构的认知将不断被更新，人类终将用智慧和勤奋描绘出银河系结构的"庐山真面目"。

 李晶晶　中国科学院紫金山天文台副研究员。研究方向：银河系结构的精确测量、银河系分子云与恒星形成。

　　　7. 探测技术与方法

7.4 "看见"黑洞是靠"三明治"？了不起的超导隧道结！

  2019 年 4 月 10 日，人类历史上第一张真实的黑洞照片在人们焦灼的等待与期盼中横空出世。伴随这一盛况，事件视界望远镜（EHT）和甚长基线干涉仪（very long baseline interferometer，VLBI）两个高冷的名词也走出不食人间烟火的天文学，走进了普通群众的日常生活里。

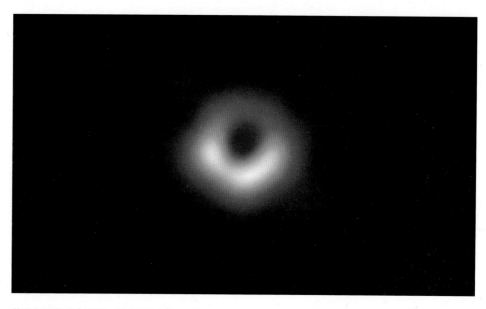

首张黑洞照片 | 图源：EHT Collaboration

  看到黑洞的关键首先在于必须拥有空前的空间分辨率。望远镜的空间分辨率与观测波长成正比，与口径成反比。所以，提高分辨率的方法就有两种：一种是增大望远镜的口径，另一种是缩短观测波长。

紫微
星语

EHT 连接了位于世界各地的八台射电望远镜和望远镜阵列，模拟了一台地球大小的虚拟望远镜，才勉强看到黑洞的影子。然而，是否有求知欲旺盛的读者想过，为什么不试着进一步缩短波长？望远镜到底如何"看"到黑洞？之前怎么不建 EHT ？

今天，我们就来逐一满足读者们的好奇心。

EHT 虚拟望远镜及 VLBI 示意图
| 图源：紫金山天文台

为什么不试着进一步缩短波长？太赫兹 —— 大气吸收和相位扰动

受综合辐射机制和现有地面观测条件的制约，EHT 这次给 M87 星系黑洞拍照选择了 1.3 毫米波段，对应 230 吉赫兹（1 GHz=10^9 Hz）频段，并将开展 0.85 毫米波段，对应 350GHz 频段的观测。这两个频段同属于太赫兹（1 THz=10^{12} Hz）频段。太赫兹频段位于微波和红外之间，包含部分毫米波、全部亚毫米波和部分远红外波段，波长范围 3 毫米至 30 微米，频率覆盖 0.1 THz 至 10 THz。

阿塔卡玛大型毫米波 / 亚毫米波阵列 (ALMA) | 图源：C. Padilla（NRAO/AUI/NSF）

7. 探测技术与方法

那么，为了进一步提高空间分辨率，是否可以任性地无限缩短波长，让望远镜的"眼神儿"越来越好呢？

实际并非如此。更高频率（更短波长）的太赫兹地面观测应用，受限于地球大气层所含水汽对太赫兹高频信号的强烈吸收。所以，不同观测站址都有特定的频率观测窗口。这次拍摄黑洞照片的 EHT 望远镜台址中，不是所有的都适合开展更高频率的观测。即使在智利海拔 5 000 多米高原上的阿塔卡玛大型毫米波/亚毫米波阵（ALMA）台址，最高可能观测的频率也仅为八九百个 GHz。

而另一方面，给黑洞拍照的 VLBI 方法，由于要进行相位相关的信号相干合成，当频率更高的时候，也会严重受到大气湍流对太赫兹高频信号的相位扰动影响。

既然这样，为什么不去太空观测呢？其实本文将要介绍的超导隧道结混频器已有空间应用的先例（如：赫歇尔空间天文台），空间 VLBI 技术也会是未来发展的趋势！

望远镜如何"看"到黑洞？幕后英雄——"接收机"

在关于 EHT 和 VLBI 的各种报道和介绍中，我们看到最多的，是摆着各种姿势妖娆竖立的天线。EHT 通过 VLBI 技术把每台天线接收到的来自黑洞周围的电磁辐射信号进行相干合成。但是要拍到黑洞的照片，除了需要如前所述空前的空间分辨率外，每台望远镜还需要配备灵敏度极高的超导接收机。

图中穿着厚重银色铠甲的便是幕后英雄——"超导接收机"了！

超导接收机实物外形 | 图源：紫金山天文台

紫微
星语

288

经过漫长的星际旅途，宇宙深处遥远天体发出的太赫兹信号在到达地球时早已被衰减得极其微弱，需要非常灵敏的接收机去探测。超导接收机正是为此而生，它首先把信号从几百个 GHz 变频到几个 GHz，再通过低噪声放大器进行放大，最后转换为数字信号输出到计算机进行后续数据处理。

这次给黑洞拍照的所有望远镜，全部搭载了超导接收机，这都是因为超导接收机"火眼金睛"般的极高灵敏度！

之前怎么不建 EHT？缺少硬核超导隧道结混频器

超导接收机是一个复杂的集成系统，在它的所有组成部件中，毫无争议的核心角色是"超导混频器"。EHT 所有望远镜的接收机上，搭载的全部是同一种混频器——超导隧道结混频器，又称超导 SIS 混频器（superconductor-insulator-superconductor mixer， SIS mixer），它是当前毫米波 / 亚毫米波天文观测中受到最广泛应用的硬核器件。

EHT 之所以在近些年才提出，重要原因之一便是：超导隧道结混频器技术的成熟发展，使得毫米波 / 亚毫米波段的望远镜具备了更高灵敏度，特

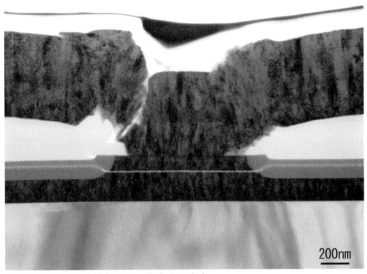

超导隧道结剖面照片 | 图源：紫金山天文台

7. 探测技术与方法

别是使得 EHT 中最重要的、全球迄今最大望远镜阵列 ALMA 的建设成为了可能，进而使毫米波 / 亚毫米波段的 VLBI 观测成为现实。

下面就来介绍一下这个绝对 "高冷" 的超导隧道结。

超导隧道结从剖面看，它由上下两个超导层 (Superconductor) 和中间一层厚度仅为几纳米的绝缘层 (Insulator) 构成，是一个类似于三明治的三层薄膜结构，所以也被称为超导 "三明治"。

在下面这张照片中我们可以看到，超导隧道结像一双炯炯有神的眼睛，深邃地凝视着茫茫宇宙。正是这双直径仅约 1 微米的 "眼睛"，让我们看到了 5 500 万光年之外几百亿千米尺度的黑洞！宏观与微观的震撼对比，在这场 "给黑洞拍照" 的事件中，展现得酣畅淋漓。

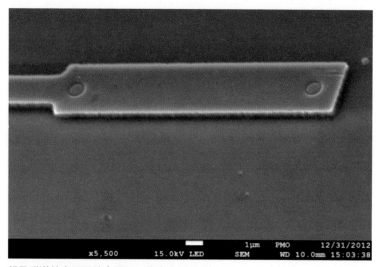

超导隧道结表面照片 | 图源：紫金山天文台

都说，黑夜给了我们黑色的眼睛，可我们，却在 "寒冷" 中寻找黑洞……

超导 SIS 混频器因其特殊的材料需求，必须在极低的温度下才能运作。这次给黑洞拍照的所有超导 SIS 混频器，全都工作在 4.2 K 液氦温区（约零下 269 摄氏度）。

在这样的极低温环境下，超导体中的电子两两配对（即：库珀对），形成宏观量子态。当来自观测天体的太赫兹信号照射到超导隧道结上，库珀对

紫微
星语

吸收能量超过其结合能的高频光子后，会被拆散成"准粒子"，并在外加偏压作用下产生准粒子"隧穿效应"——"准粒子"从 SIS 的一侧超导层（S），穿过中间绝缘层（I），进入另一侧超导层（S），产生瞬间电流突变，从而表现出伏安特性的强非线性。

要使准粒子具有聊斋故事中"崂山道士"一般的"穿墙"法力，中间绝缘层的厚度必须很薄，仅为 1~2 纳米。因此，超导三明治不是普通的三明治，不可以加料，不可以搞大。薄，才是硬道理。绝缘层厚度通常与超导材料中电子配对的相干长度成比例。

不过，仅仅薄还不够。要真正实现高灵敏度，绝缘层还必须非常均匀，不能有针孔（pin hole）。这是确保超导隧道结具有接近零的超低暗电流的关键。而"强非线性"和"低暗电流"共同决定了超导 SIS 隧道结的高灵敏度特征，即可探测极其微弱的电磁辐射信号。当然，薄且均匀的高质量绝缘层对制备工艺的要求也是极高的。

准粒子隧穿效应示意图｜图源：紫金山天文台

7. 探测技术与方法

这个三明治，我国也能做？

是的，我们能做！

位于青海省德令哈市附近戈壁滩上的紫金山天文台 13.7 米口径毫米波望远镜就配备了紫金山天文台毫米波和亚毫米波技术实验室自主研制的 3×3 多波束超导 SIS 接收机，正在开展"银河画卷"巡天计划。

这次给黑洞拍照的 EHT 望远镜中，两个阵列望远镜 ALMA 和 SMA 亚毫米波射电望远镜阵（Sub-Millimeter Array, SMA）的早期超导接收机研制过程中，也都有实验室的技术贡献。

作者简介　**李婧**　中国科学院紫金山天文台研究员。研究领域：射电天文、太赫兹探测和超导电子学等。

7.5 ALMA——组大团，望深空

2020 年 2 月，一册神秘的"彩超"影集点燃了众多天文学家的热情。它娓娓道出猎户座分子云中，新生代恒星如何在自己的胚胎期就已为行星的"呱呱坠地"悉心准备。而图片中蓝色影像上所标注的四个字母"ALMA"，让不少人觉得似曾相识。没错，黑洞照片！2019 年 4 月，人类历史上第一张黑洞照片横空出世时，仿佛也是它，在"甜甜圈"所带来的视觉冲击中若隐若现，犹抱琵琶半遮面。

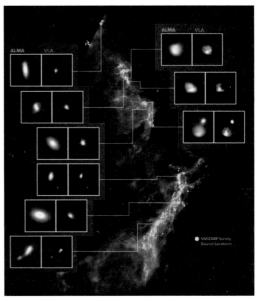

神秘"彩超"，ALMA 科学成果图 | 图源：ALMA

那么，ALMA 到底是什么？它的特别之处在哪里？它能做些什么？就让我们带着这些问题，与大家一起，揭开这位幕后英雄的神秘面纱……

"牛"到没朋友的望远镜阵列

ALMA，发音"阿尔玛"，全名"阿塔卡玛大型毫米波 / 亚毫米波阵"（Atacama Large Millimeter/sub-millimeter Array），位于智利北部阿塔卡玛沙漠里的查南托（Chajnantor）高原上。那里海拔 5 000 米，空气干燥，人烟稀少，是全世界公认的天文观测绝佳之地，拥有内陆最优的毫米波 / 亚毫米波地面观测条件。ALMA 是四大洲联手的杰作：由欧洲、北美

ALMA 科普漫画 | 图源：紫金山天文台

洲和亚洲合作建造，安放于南美洲的智利。它于 2003 年破土动工，2013 年 3 月正式投入使用，可谓"十年磨一剑"。

ALMA 组成示意图 | 图源：紫金山天文台

ALMA 是目前全球最大规模的射电天文观测设备，是一个由 66 架抛物面天线组成的干涉阵，包括 54 架 12 米口径的天线和 12 架 7 米口径的天线。它的威力主要来自它的好"眼神儿"：高空间分辨率和大集光面积。ALMA 巧妙地以阵列形式，让 66 架天线联合作战（干涉），天线彼此间距最长达 16 千米，实现了相当于一台口径 16 千米的单天线的空间分辨率，在最短工作波长的空间分辨率比哈勃望远镜都高出约 10 倍。66 架天线同时收集信号，成就了集光面积最大的毫米波／亚毫米波望远镜，使得它可以观测到更暗弱的信号。

ALMA，看别"镜"所不能看，名副其实地成为茫茫黑夜里，毫米波 /
亚毫米波天文学家看向深空最为明亮的眼睛。

特别的工作波段：毫米波 / 亚毫米波

顾名思义，ALMA 的工作波段"毫米波 / 亚毫米波"是其特别之处。这
个波段位于电磁波谱中射电的最短波段，是技术最难、对台址条件要求最高
的天文观测波段。那么，为什么天文学家要在不同波段进行探索和研究呢？
主要原因在于，宇宙中天体或物质产生的辐射各有不同。某些会落在特定波
长区间，只有工作于该波长范围的望远镜才能对其探测；而有些虽然能在多
个波段探测到，但其所呈现的影像大相径庭，多波段共同研究可以更详尽地
对其进行了解。

大家耳熟能详的"中国天眼"（500 米口径球面射电望远镜，FAST）
和哈勃空间望远镜（HST），与 ALMA 的区别之一便在于波段不同。
FAST 与 ALMA 同属射电波段，但 FAST 的波长更长；哈勃空间望远镜则
工作于可见光和紫外波
段。ALMA 所在的毫米
波 / 亚毫米波段的最大
特点在于，它可以穿透
宇宙尘埃，使天文学家
更好地理解被尘埃所遮
挡的、宇宙形成更早期
的状态。

ALMA 当前的工
作 波段覆盖 0.32~3.6
毫米，对应频率区间约
80~950 吉 赫 兹（ 吉：
10^9）。除尚在研制阶段

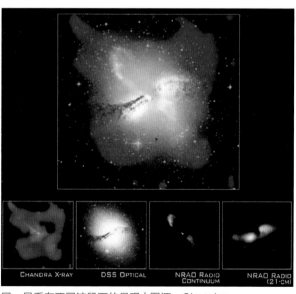

同一星系在不同波段下的呈现 | 图源：Chandra

7. 探测技术与方法

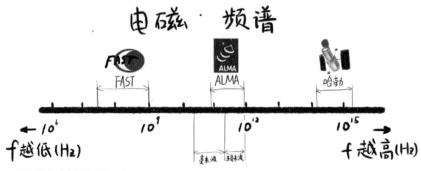

电磁频谱图 | 图源：紫金山天文台

的第一和第二波段采用半导体接收技术外，目前工作的八个波段均采用高灵敏度超导接收技术，即：超导隧道结（superconducting tunnel junction，STJ）混频。其中，第三和第六波段由北美承担研制；第四、第八和第十波段由日本承担研制；第五、第七和第九波段由欧洲承担研制。

2019年轰动一时的黑洞照片，让许多人知道了事件视界望远镜（EHT），EHT中毫无争议的头号功臣便是ALMA。而当初有幸给黑洞拍照的，就是ALMA的第六工作波段（1.3毫米，即230吉赫兹）。

在ALMA早期建设阶段，紫金山天文台的团队参与了第八和第十波段超导SIS接收机的研发，向ALMA工程贡献了核心技术。黑洞照片拍摄的下一步计划，极可能落在第八波段（850微米，即350吉赫兹）。让我们一起期待黑洞那更为清晰的照片吧！

波段	承研	最低频率(GHz)	中心频率(GHz)	最高频率(GHz)
3	北美	89	103	116
4	日本	125	144	163
5	欧洲	163	187	211
6	北美	211	243	275
7	欧洲	275	323	370
8	日本	385	442	500
9	欧洲	602	660	720
10	日本	787	869	950

ALMA工作波段分布和承研概况 | 图源：紫金山天文台

紫微
星语

ALMA 能做什么？

ALMA 拥有着无与伦比的观测能力和观测效率，而它从披上战衣那一刻起，也确实没让全世界天文学家失望。尤其近 3 年，每年近 200 篇的科学论文更呈现出井喷之势。当我们点开 ALMA 网站上"discoveries"的页面时，一批令人震撼的科学成果与新发现，便伴随着一张张炫美的图片扑面而来。

从宇宙最遥远的存在到我们的太阳系，ALMA 纵览无余。

恒星和行星的形成：恒星和行星都诞生于冷气体尘埃的暗云中，一般望远镜无法穿透尘埃，只能看到暗暗的区域。而在毫米波 / 亚毫米波波段，尘埃变得"透明"，ALMA 可以清晰地看到其内部状态，目睹新生代恒星的诞生。

黑洞、星系起源与演化：ALMA 作为一个可以"回到过去"的望远镜，可以"回看"到宇宙的边缘，从而为我们讲述宇宙起源、超大质量黑洞和星系形成最原初的故事。同时也还能探测到恒星生命走到尽头时，超新星爆发所产生的尘埃，让我们更好地了解恒星的整个生命过程。

化学复杂性起源：ALMA 已经成功地从星际空间探测到了氧气、水、盐，以及糖和一批复杂有机分子。宇宙中多样的复杂有机分子和生命关联物质都出现在毫米波 / 亚毫米波段，ALMA 可以使人类更好地探索化学复杂性起源。

……

最后，让我们共享 ALMA 所带来的视觉盛宴，携手星辰大海的征途。

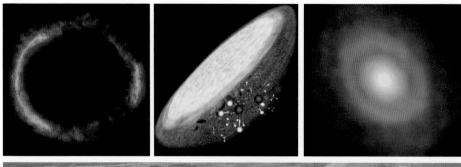

上图为 ALMA 部分科学成果，分别为：左：爱因斯坦环；中：年轻恒星的原行星盘中发现复杂有机分子；右：环绕新生恒星的雪线，行星及其卫星的摇篮

下图为 ALMA 全貌图 | 图源：ALMA

作者简介

李婧 中国科学院紫金山天文台研究员。研究方向：射电天文、太赫兹探测和超导电子学。

杨戟 中国科学院紫金山天文台研究员。研究方向：星际分子云与恒星形成、射电天文技术方法。

7.6 "太一"任务：相对论基本天文学实验

"太一生水。水反辅太一，是以成天。天反辅太一，是以成地……天地者，太一之所生也。是故太一藏于水，行于时。周而又始，以己者为万物母……"郭店楚简《太一生水》以我国古代特有的朴素哲学思想诠释了古人对宇宙万物起源的认识，其中"太一"指的是宇宙万物的本源、本体。

中国科学院紫金山天文台科研人员提出的一项名为"太一"的空间科学任务，希望通过相对论基本天文学实验，为引力相互作用及其起源等基本问题提供答案。

引力探索之路

引力作为四大基本作用力之一，维系着人类地球、太阳系天体、系外行星乃至整个宇宙的运转。长久以来，科学家们探索引力相互作用及其起源的脚步从未停止。

1687 年，牛顿的《自然哲学的数学原理》问世，其中讲述了牛顿时空观下的引力理论。之后的几个世纪里，牛顿

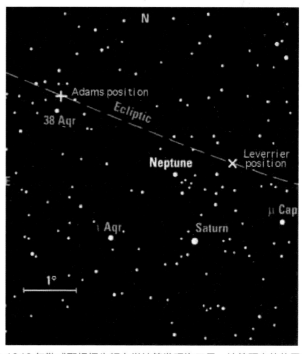

1846 年勒威耶根据牛顿力学计算发现海王星：计算预言的位置（X）与实际位置只偏离 1°
| 图源：University of St-Andress

7. 探测技术与方法

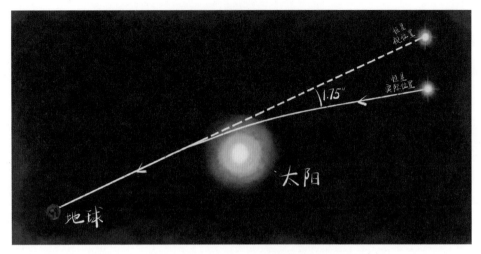

1919年爱丁顿和戴森在日全食时观测到太阳附近光线所发生的偏折，由此验证了广义相对论
| 图源：紫金山天文台

力学与观测结果符合得很好，特别是 1846 年，法国天文学家于尔班·勒威耶（Urbain Le Verrier）根据牛顿力学计算发现了海王星的存在。

然而，19 世纪末 20 世纪初，正当科学家们认为已经揭开了引力相互作用面纱之时，牛顿力学的上空出现了一朵乌云。

在考虑了太阳系所有大行星摄动后，勒威耶发现水星近日点进动的观测数据与牛顿的引力理论不符，仍有大约每世纪 43 角秒的残余进动无法用理论解释。即便是之后，科学家们考虑了太阳的非球形结构对水星近日点进动的影响，也无法解释这一残余进动。

1916 年，爱因斯坦发表了《广义相对论基础》，这标志着广义相对论的建立。与牛顿的引力理论不同，爱因斯坦认为引力是物质的存在造成了时空弯曲的一种表现，这种弯曲程度可以通过一个几何量——度规来描述。

爱因斯坦根据广义相对论推导了水星近日点进动，发现其数值恰好与观测数据相符。此后，广义相对论预言的光线偏折、引力时间延迟以及引力红移现象均先后得到了实验证实。可以说，爱因斯坦的理论回答了长期以来关于引力是如何作用的疑问。

但是现在看来，广义相对论并没有回答关于引力的所有问题。

一方面，引力支配着宏观世界，其他三种基本作用力支配着微观世界。这种微观世界由量子理论来描述。时至今日，引力同其他三种基本作用力尚无法统一。作为大统一理论，首先需要将引力纳入量子理论，而广义相对论应当是某种量子引力理论的经典极限，这需要寻找超越广义相对论的新物理。

另一方面，当今宇宙学存在两个观测现象未能得到解释，即星系的平坦旋转曲线和宇宙加速膨胀。尽管暗物质和暗能量是可能解决这两个观测现象的途径，但长期以来暗物质缺乏直接观测证据，作为暗能量最好候选者的宇宙学常数也存在着与量子场论不相容的问题。为了解决这两个观测现象，也许需要重新认识引力。

"太一"任务概念简介

"太一"任务是一个空间科学任务，得到了中科院战略性先导科技专项空间科学预先研究项目支持，主要通过发射一个绕地以及绕月的探测器来完成。

不同于地面测量，选择空间任务来探索引力相互作用可以让光信号穿越大范围引力场，从而使得微弱的引力信号变得更加可控并易于探测。"太一"主任务阶段主要实施两大实验：等效原理实验和鞍点实验。

爱因斯坦等效原理是包含广义相对论在内的引力度规理论基石。目前普遍认为，任何新的量子引力理论都是从打破等效原理开始的。因此，对等效原理开展实验可以让我们寻找超越爱因斯坦理论的新物理。"太一"任务的等效原理实验将在近地和近月空间进行，基于地月大尺度的测量会提高对等效原理检测的精度。

"太一"任务的鞍点实验是从实证的角度来甄别当今国际上广受关注的引力理论：修改的牛顿动力学（Modified Newtonian Dynamics，MOND）。通过对引力的修改，MOND 无须引入暗物质便很好地解释了星系旋转曲线。在"太一"任务中，当光信号恰好通过日地之间平衡点（鞍点）时，MOND 独有的"信号"会显现出来。

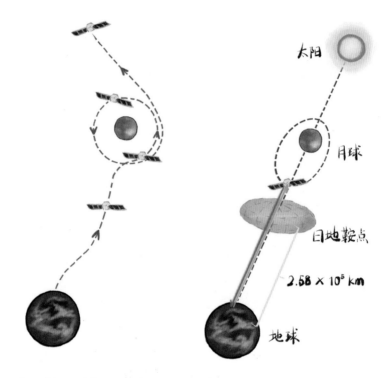

左："太一任务"概念图（近地、绕月、深空飞行）；
右：鞍点实验概念图 | 图源：紫金山天文台

目前"太一"任务还处于预研究阶段，其成功与否受到轨道设计、仿真平台、载荷技术、地面支撑、硬件研发以及经费持续支持等方方面面的影响。

我们渴望寻求引力理论的答案，即便是否定的结果也并不是坏消息。希望人类离揭开谜底的时刻不会太远，也许就在下一个路口："太一"任务会为此呈现更多的答案和惊喜。

作者简介　**邓雪梅**　中国科学院紫金山天文台研究员。研究方向：相对论基本天文学。

紫微星语

7.7 冰立方：开启高能中微子天文学之窗

中微子 ABC

中微子是构成物质世界的基本粒子之一，最早由著名物理学家泡利
（Wolfgang Pauli）在解释中子衰变过程中的"能量丢失"现象时提出。
今天我们知道：中微子有电子中微子、缪子中微子和陶子中微子三种"味道"，
分别对应于电子、缪子和陶子；中微子具有微小但非零的质量，不同种类的
中微子之间可以相互转化；中微子不带电，和物质相互作用很弱，可以轻易
穿透天体乃至整个宇宙，是揭示天体内部性质的重要信使。

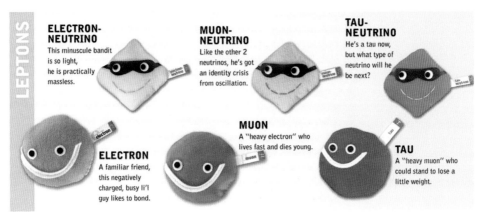

设计师设计的中微子及其对应轻子的玩偶 | 图源：The Particle Zoo

O 关于中微子的研究先后颁发了 4 次诺贝尔奖。

1956 年美国物理学家莱因斯（Frederick Reines）和科温（Clyde
Lorrain Cowan Jr）利用反应堆实验首次探测到中微子，莱因斯因此获得
1995 年的诺贝尔物理学奖。值得一提的是 1941 年中国物理学家王淦昌曾

提出探测中微子的一种实验方案，利用轻原子核 K 层电子俘获释放中微子产生的核反冲来间接验证中微子的存在，并获得美国物理学家艾伦等的实验证实。

1962 年莱德曼（Leno Max Lederman）、施瓦茨（Melvin Schwartz）和施泰因贝格尔（Jack Steinberger）用质子加速器实验发现第二类中微子——缪子中微子，他们三人也获得 1988 年诺贝尔物理学奖。

1968 年戴维斯（Raymond Davis Jr）发现太阳中微子缺失现象，1987 年小柴昌俊发现超新星 1987A 的中微子，二人获得 2002 年度诺贝尔物理学奖。

日本的超级神冈探测器（Super Kamiokande, Super-K）以及加拿大的萨德伯里中微子观测站（Sudbury Neutrino Observatory, SNO）进一步发现：大气中微子和太阳中微子反常现象是由于它们转化成了其他类别的中微子，即中微子振荡。两个实验的负责人梶田隆章和麦克唐纳（Arthur Bruce McDonald）因此获得 2015 年度诺贝尔物理学奖。

产生中微子的物理过程主要有两类：核反应和介子衰变。前者是低能中微子的主要来源，如反应堆中微子、太阳及超新星核合成过程产生的中微子等；后者是高能中微子的主要来源，例如高能宇宙射线轰击空气产生的大气中微子，或者天体物理加速器加速的高能宇宙射线与物质或者靶光子反应产生的中微子等。

与太阳以及超新星核合成过程产生的低能中微子不同，天体物理起源的高能（>1TeV，注：$1 \text{ TeV} = 10^{12} \text{ eV}$, $1 \text{ eV} = 1.6 \times 10^{-19}$ 焦耳）中微子辐射由高能宇宙射线和物质或靶光子相互作用产生的介子衰变而来。因此，高能中微子是解答高能宇宙射线的起源这一谜题的重要信使。

利用高能中微子研究高能宇宙射线起源具有独到的优势，因为中微子和物质相互作用很弱，不容易受到干扰，可以传递出天体最核心的物理信息。和电磁辐射相比，中微子可以传递"高保真无损"信息。比如太阳内部核反应产生的光子辗转到太阳表面需要十万年左右的时间，而且在这过程中这些光子早已不知道来来去去反应了多少回了，而中微子产生后则只需要一两秒的时间就跑出来了，还是"原汁原味"的中微子。

南极"大冰棍"：冰立方中微子天文台

中微子很难与物质发生反应，这一特征使中微子能够无损地传递天体内部的信息，然而同时也增加了其探测难度，因此探测中微子通常需要硕大无比的探测器。人们往往借助天然水体或者冰体作为探测器，位于南极的冰立方中微子天文台(IceCube Neutrino Observatory)即是这样一个庞然大物。冰立方建设在南极冰面下 1 450~2 450 米之间，所占体积约为 1 立方千米。

冰立方的规模庞大，和它相比，埃菲尔铁塔就像一个袖珍玩具。冰立方的探测器安装也很有意思，首先利用高压热水将冰层融化出一些管道，然后在这些管道内安置上一串串的探测器，等水重新冻上后，探测器便被固定住。此外还有天蝎座 α 中微子望远镜（Astronomy with α

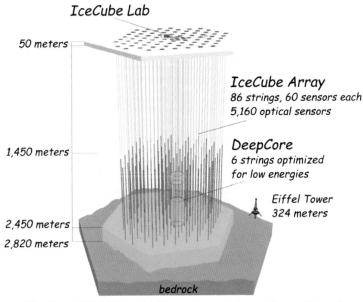

冰立方探测器示意图 | 图源：NASA, IceCube Science Team, Francis Halzen, Department of physics, University of Wisconsin

冰立方在南极点的地上实验室的剪影 | 图源：IceCube

Neutrino Telescope and Abyss environmental RESearch project, ANTARES）中微子实验，利用地中海海水作为探测介质；还有搭载于气球上的南极脉冲瞬态天线（ANtarctic Impulsive Transient Antenna, ANITA）实验，本质上也是利用南极地下的冰层作为探测器；也有一些实验利用山体作为中微子探测介质，如我国计划在青海开展的巨型超高能宇宙线探测阵列(Giant Radio Array for Neutrino Detection, GRAND)实验。

中微子在冰中传播时，有一定概率与冰发生反应，产生次级粒子。次级粒子速度超过冰中的光速时会产生切伦科夫辐射，从而可以被冰立方的那一串串光电探测器探测到。这些在冰层中呈三维立体分布的探测器能够探测到信号的不同拓扑形态，包括级联型（cascades）、径迹型（tracks）和复合型（composites），对应于不同"味道"的中微子。

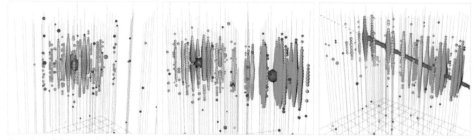

左：电子中微子通常为级联型事件，方向误差相对较大；右：缪子中微子通常产生一条干净的径迹，方向可以定得很好；中：陶子中微子通常具有两簇，称为"双响"（double bang）事件。颜色从红到绿再到紫表示时间从早到晚 | 图源：IceCube

紫微
星语

通过光子信号的拓扑形态及光子数目可以得到中微子的方向和能量。由于级联型的光子信号是从中心向四周传播的，很难重建得到准确的中微子入射方向；而径迹型信号是一条细长的光子轨迹，多为高能缪子中微子与冰发生反应而产生，重建得到的中微子入射方向很准确，精度约为 0.5 度（对于能量为 100 TeV 的缪子中微子）。

高能天体物理中微子首次现身

2008 年 4 月，冰立方天文台完成了 40 串探测器的安装并开始采集数据。2011 年 5 月，所有 86 串探测器全部建成。2013 年，冰立方合作组报道了从数十 TeV 到数 PeV 能段的中微子能谱测量结果，首次发现超出大气背景的天体物理起源的中微子成分，其置信度为 4σ（也就是说只有约十万分之六的可能性是来自大气背景）。

冰立方的结果被认为是革命性的。这是在高能区域首次看到了来自天体的中微子辐射，为我们观察宇宙打开一扇新的天窗。迄今为止，冰立方探测器已经记录下超过一百例可能是天体物理起源的高能中微子。这些高能中微

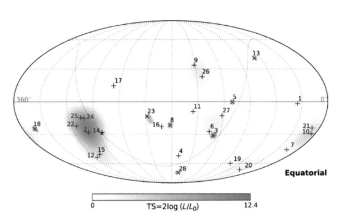

赤道坐标系下冰立方探测到的中微子天图，其中 + 表示级联型事件，X 表示缪子径迹型事件 | 图源：Aartsen, et al., 2013

子在天空中的分布接近各向同性，很可能由来自河外宇宙中大量高能源的集体贡献主导。

终于抓到它啦：TXS 0506+056！

冰立方于 2013 年首次报告了对天体物理起源的中微子成分的成功探测。从 2016 年开始，冰立方合作组开始通过一些公开平台发布观测结果实时警报，这样全世界的科学家便可以用他们各自的观测设备进行快速跟踪和协同观测，寻找实时中微子事件可能的电磁对应体。这个措施确实很快就收到成效。

2017 年 9 月 22 日，冰立方合作组报告了一个实时高能中微子事件（能量约为 290 TeV），被命名为 IceCube-170922A。随即全球约 20 台望远镜在多个波段对这一方向展开观测，并且发现位于这个方向的一个耀变体活动星系核，TXS 0506+056，在这个时间段恰好处于活跃状态。从位置和时间分析来看，这个中微子事件有约 99.97%（置信度为 3σ）的可能性和 TXS 0506+056 的耀发关联。虽然置信度还不算特别高，但冰立方的这一事件已经足以引起天体物理领域所有人的兴趣。这一成果也被《科学》杂志评为 2018 年度十大科学进展之一。

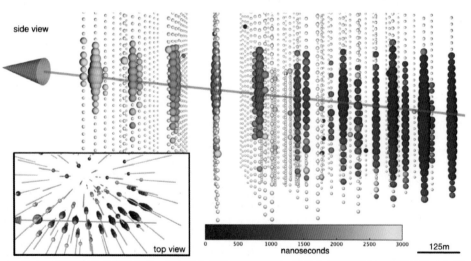

IceCube 170922A 信号分布图。深蓝色为最早触发的信号，黄色为最晚的信号。红色箭头方向表示重建的中微子入射方向 | 图源：IceCube

冰立方团队进一步梳理了来自这个耀变体方向的所有数据，发现在2014年9月至2015年3月之间还有一个中微子超出，相对于背景，这个超出的置信度为 3.5σ。这个置信度仍然不是特别高，但却增强了人们对 IceCube-170922A 来自 TXS 0506+056 的信心。

这一对耀变体与高能中微子源成协的发现很重要，不过也并不意外。耀变体是活动星系核的一类，由星系中心的超大质量黑洞吸积物质形成，吸积产生喷流，而且喷流方向指向观测者。喷流形成的激波能够加速宇宙射线，被加速的宇宙射线与背景光子或者物质发生反应，从而产生高能中微子和伽马光子。

作为冰立方观测到的置信度超过 3σ 的第一个中微子源，耀变体 TXS 0506+056 有什么特殊之处？首先，TXS 0506+056 是费米 γ 射线空间望远镜（FGST）观测的活动星系核星表中 1 700 多个天体中最亮的 50 个天体之一，其辐射光度很大。另外，TXS 0506+056 的赤纬为 +5.7 度，位于北天，接近冰立方所在地的地平面方向，而冰立方对来自北天尤其是接近地平面方向的中微子最为灵敏。所以，冰立方率先探测到来自 TXS 0506+056 的中微子也很自然。

耀变体辐射高能中微子和伽马射线的艺术图片 | 图源：IceCube/NASA

7. 探测技术与方法

但事情仍有让人费解之处。

TXS 0506+056 虽然是最亮的 50 个耀变体之一，然而毕竟还谈不上最亮，那么别的耀变体更亮的耀发发生时为什么没有看到中微子？

还有通过分析 FGST 的伽马射线数据，人们发现 TXS 0506+056 在 2014 年那次中微子超出期间伽马射线却非常平静。而我们知道中微子和伽马射线通常是伴随产生的，是什么原因使得中微子超出被观测到而伽马射线未被观测到呢？

这些问题仍然有待进一步研究。其中一种可能性为宇宙射线加速器被致密介质环绕，导致光子被吸收，而中微子可以穿透介质传播至地球。因此，高能中微子最亮源可能与伽马射线最亮源并不相同。

还有别的源吗？

最近，冰立方合作组利用 10 年数据搜寻可能的中微子超出。一方面，对全天进行盲搜，可以避免局限于伽马射线观测的限制。另一方面，冰立方合作组也对伽马射线源星表中源对应的方位进行分析。采用伽马射线源星表分析的好处是：已知候选源的位置，可以提高搜寻中微子源的灵敏度。经过研究，冰立方发现来自一个塞弗特 II 型星系 NGC 1068 方向的中微子事例存在置信度约 2.9 σ 的超出。

NGC 1068 又名为 Messier

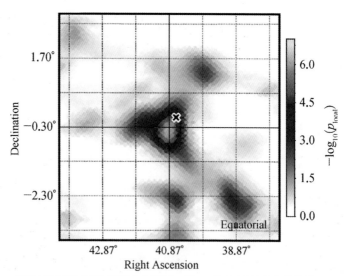

北天中微子超出的显著度分布天图，黑 × 是 NGC 1068 的位置
| 图源：Aartsen, et al., 2020

紫微
星语

77，是 FGST 观测到的最明亮的塞弗特 II 型星系，也属于活动星系核的一种。NGC 1068 星系同时也具有很高的恒星形成率，是一个星暴星系。星系中心的活动星系核喷流、星系中产生的超新星或者超级泡均有可能加速宇宙射线，从而也可能辐射中微子。

除了 NGC 1068，北天区还有 3 个"热点"具有较弱的中微子超出，它们是前面提到过的 TXS 0506+056（这里因忽略了中微子的时间成团性，使得中微子超出的显著度比前文得到的降低了），以及蝎虎 BL 星系（BL Lacs）PKS 1424+240 和 GB6 J542+6129。南天区最显著的超出方向和耀变体 PKS 2233−148 相符，超出的置信度也不高（验后 p 值为 0.55，与纯背景的假设相符）。

除此之外，冰立方合作组还开展了一些其他叠加搜寻，比如将某一类别的源全部叠加在一起来看是否有明显的信号，这在单个源流量均较弱时可能会更有效。不过这一叠加搜寻目前仍然没有观测到置信度超过 1σ 的信号。

总结与展望：未来可期

2013 年，冰立方中微子天文台首次报道了天体物理中微子成分的发现。

2017 年，冰立方中微子天文台首次发现了实时中微子事件 IceCube-170922A 与耀变体 TXS 0506+056 伽马射线耀发的显著度为 3σ 的成协，从而进一步从海量的历史数据中找到了显著度为 3.5σ 的时间依赖的中微子超出。

2020 年，冰立方团组又发表了研究工作，利用 10 年观测数据搜寻到北天的显著度为 2.9σ 的中微子候选源塞弗特 2 型星系 NGC 1068。尽管冰立方中微子天文台采用 10 年数据搜索中微子点源并未找到显著度超过 3σ 的中微子超出，但其结果仍然是鼓舞人心的。

冰立方中微子天文台为高能中微子天文学打开了一扇天窗。未来更多中微子源的发现，结合多信使观测的研究，不仅能够帮助我们理解宇宙射线起源及其加速机制、物理环境等，还可以研究宇宙学、探索新物理。中微子研究已经成为当今物理学和天文学交叉领域的重要课题。

目前冰立方合作组已经开始计划升级其探测器，这个名为冰立方二代的探测器将增大约 10 倍的探测体积，改善角度测量精度，预期可以探测到更多的中微子源。

在北半球的地中海里，人们也正在建设一个名为立方千米中微子望远镜（Cubic Kilometre Neutrino Telescope, KM3NeT）的实验，其规模比冰立方更大（可达几立方千米），而且对南天区的源更加敏感。我国的上海交通大学研究团队参与了冰立方的国际合作，而中山大学也与 KM3NeT 合作组签订了谅解备忘录。另外，中法合作也计划在青海冷湖开展 GRAND 中微子实验。

相信在中微子天文学的盛宴即将开启之时，中国也必将不会缺席。

作者简介

贺昊宁　中国科学院紫金山天文台副研究员。研究方向：高能中微子、高能光子及极高能宇宙射线起源的多信使研究。

袁强　中国科学院紫金山天文台研究员。研究方向：高能天体物理、暗物质间接探测、宇宙线物理。

7.8 寻找神秘未知粒子的"芳踪"

天文学观测表明，宇宙总能量密度的约 26% 是由暗物质组成的。暗物质的证据都来自对引力的观测，比如星系的旋转曲线、引力透镜效应等。对于暗物质粒子的性质，我们至今一无所知。暗物质的粒子模型有很多，研究最多的模型有大质量弱相互作用粒子和轴子 / 类轴子粒子模型。下面就说说轴子 / 类轴子和相关的探测实验。

轴子 / 类轴子暗物质

说到轴子，就不得不先介绍一下量子色动力学中一个悬而未决的谜题——强 CP 问题（C：电荷共轭，P：宇称）。简而言之，就是为何弱相互作用可以违反 CP 对称，出现 CP 破坏，而强相互作用理论上也预期存在 CP 破坏而实验上却一直没有发现？

1977 年，佩奇（R. D. Peccie）和奎因（H. R. Quinn）为解决这一难题提出了一种新的对称性，以他们的名字命名，即 PQ 对称性。次年，温伯格（S. Weinberg）和维尔切克（F. Wilczek）分别独立发现，PQ 对称性意味着可能存在一种非常特别的基本粒子，维尔切克给它取名为轴子（Axion），据说灵感来自一种 Axion 牌洗衣粉，因为轴子的引入可以"清除"一个物理谜题。

轴子粒子质量轻（约为电子质量的千亿分之一甚至更轻）、不带电、没有量子自旋、寿命长、相互作用微弱，但数量可以很大。虽然轴子是为了解决粒子物理问题而提出来的，但是研究发现它们和宇宙中的暗物质所要求的属性高度吻合，轴子也因此成为一种理想的暗物质候选体。近年来轴子的搜寻研究引起了越来越多的关注。

轴子的质量和表征相互作用强度的耦合系数成反比，只有一个参数是自由的。推广得到的类轴子粒子是一种相互作用形式相同，但质量和耦合系数都是自由参数的粒子，它们同样可以作为暗物质粒子的候选体。

有意思的是，在一些更为基本的理论如弦理论中，极轻的类轴子粒子也被普遍预言存在。可以说轴子或类轴子粒子建立起了粒子物理、宇宙学、天体物理等领域的广泛联系，具有非常基础和深远的物理意义。

轴子的引入可以同时解决两个未解之谜：强 CP 问题和暗物质问题。不过，"轴子是否存在"本身又成为一个新的未解之谜，破解谜题的当务之急便是找到它的"芳踪"。发现轴子无疑将成为基础物理学领域的一项伟大成就，全球各地的科学家们为搜寻轴子 / 类轴子想了很多巧妙的办法。

轴子 / 类轴子实验室探测

轴子和类轴子粒子最独特的属性是它可以通过普里马科夫过程与光子在电磁场中相互转化。借助这一特性，科学家设计了多种实验来搜寻轴子和类轴子粒子的踪迹。下面着重介绍其中几类比较有意思的实验。

第一类叫微波谐振腔实验，主要用于探测宇宙中的轴子或类轴子暗物质。宇宙中的轴子和类轴子粒子可以在超导磁铁包围着的微波谐振腔内转化成低能的微波波段光子，微波光子经谐振腔放大进而被探测器探测到。此类实验中的典型代表是美国的轴子暗物质实验（Axion Dark Matter Experiment, ADMX）。

第二类是利用 X 射线望远镜探测太阳产生的轴子 / 类轴子粒子。太阳中的核反应过程会产生很多种粒子，比如中微

微波谐振腔探测轴子和类轴子粒子示意图
| 图源：R. Battesti, et al., 2008

超导磁铁

极低噪声微波接收机

B_0

单个实光子

a

虚光子

高Q值微波腔

子、高能光子等，如果轴子和类轴子模型正确的话，也会产生轴子 / 类轴子粒子。太阳核心的温度达到千万度，产生的轴子 / 类轴子具有很高的动能，它们转换产生的光子能量在 X 射线波段，可以用 X 射线望远镜观测。该转化过程可以在地磁场中发生，也可以在实验室磁场中发生。这类实验的代表是欧洲核子中心轴子太阳望远镜（CERN Axion Solar Telescope, CAST）。

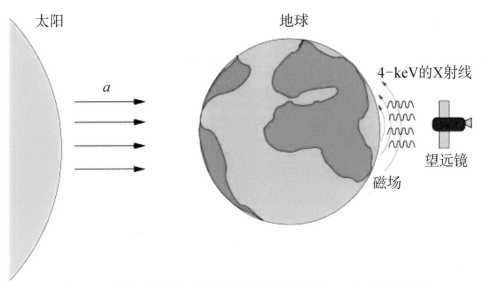

利用 X 射线望远镜探测太阳产生的轴子和类轴子粒子 | 图源：R. Battesti, et al., 2008

　　第三类叫光子穿墙实验。神话中的"茅山道士"能够不着痕迹地穿墙过屋，来去无形，暗物质也有同样的性质。我们普通人撞到墙上会"头破血流"，原因是组成人体和墙的原子具有电磁相互作用。暗物质粒子（包括轴子 / 类轴子粒子）不存在电磁相互作用，所以可以轻而易举地穿过厚厚的墙壁。而光子有电磁相互作用，无法穿过墙壁，所以我们看不到墙背面的物体。

　　那光子穿墙实验又是怎么回事呢？光子先在墙左边的电磁场中转变成轴子，轴子穿过墙壁后再在墙后的电磁场中转化成光子，光子通过两次"变身"就能像"茅山道士"一样穿墙而过了。光子穿墙实验的代表是德国的任意轻粒子搜寻（Any Light Particle Search, ALPS）实验。

　　　　　　　　　　　　　7. 探测技术与方法

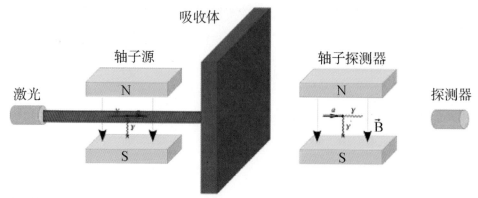

光子穿墙实验示意图 | 图源：R. Battesti, et al., 2008

轴子 / 类轴子的天文学探测

根据相同的原理，天文学家也可以通过观测遥远天体发出的光寻找轴子 / 类轴子粒子的蛛丝马迹。

其中一类典型的实验如下图所示。遥远天体发出的轴子 / 类轴子粒子会在其自身、宇宙空间和银河系的磁场中和光子互相转化，从而在原本的天体光谱中留下某些特殊的印记，比如光谱上的不规则振荡现象。通过测量这些天体发出的光，就可以搜寻轴子 / 类轴子粒子。常见的是利用对遥远的活动星系核辐射的伽马射线和 X 射线能谱观测，比如可选择利用费米 γ 射线空间望远镜（FGST）以及我国的"悟空"号暗物质粒子探测卫星（DAMPE）进行观测。

基于这一思路，中国科学院紫金山天文台的一个科研团队利用高

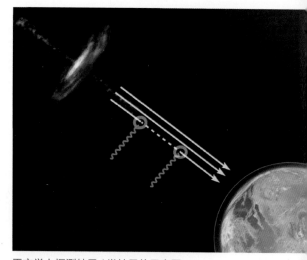

天文学上探测轴子 / 类轴子的示意图
| 图源：Aurore Simonnet/ Sonoma State University/ NASA/NOAA/ GSFC/Suomi NPP/VIRS/ Worman Kuring

紫微
星语

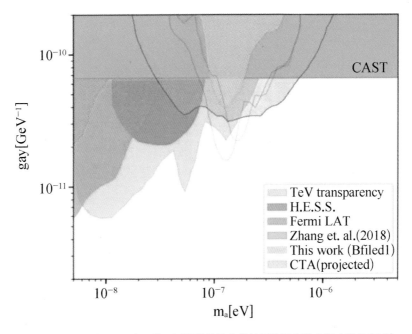

利用 H.E.S.S. 对银河系亮源的观测所排除掉的类轴子粒子参数空间（黄色区域）和其他观测结果的比较 | 图源：作者

能立体视野望远镜（High Energy Stereoscopic System，H.E.S.S.）对银河系内某些明亮的伽马射线源的观测结果，开展了对光子－类轴子振荡信号的搜寻。虽然没有发现明显的光子－类轴子振荡信号，但是在较高的类轴子质量区域（~100 neV）对光子－类轴子耦合强度给出了迄今最强的限制。

宇宙空间中也有一类"穿墙实验"。这个"墙"不是由物质构成，而是由充斥于宇宙中的背景辐射构成。能量高于万亿电子伏特（TeV）的所谓甚高能伽马射线在宇宙空间中传播时，会被"背景光子墙"挡住而无法到达探测器，这导致我们只能观测到近邻宇宙空间中的甚高能伽马射线源。

如果存在轴子／类轴子粒子，那么来自宇宙深处的甚高能伽马射线就可以通过和轴子／类轴子的转化穿"墙"而过，最终被我们观测到，从而极大地延伸了探测距离。有意思的是确实有一些 TeV 伽马射线观测结果表明宇宙空间似乎比通常认为的更透明，这或许就是轴子 / 类轴子粒子存在的迹象（拟合数据所需的参数空间见上图浅蓝色区间）。

利用天文观测探测轴子 / 类轴子粒子想要达到高灵敏度，要满足几个关键条件：能量分辨率足够高、能段覆盖足够宽、能谱测量足够准。我国目前在轨运行的 DAMPE 卫星、正在研制中的空间高能宇宙辐射探测设施（HERD）以及正在四川稻城建设的高海拔宇宙线观测站（LHAASO）将可以显著地提高伽马射线观测的能谱分辨率和灵敏度，明显改进轴子 / 类轴子粒子搜寻的灵敏度。未来几年也许是轴子 / 类轴子粒子搜寻的关键时期，能否找到这种神秘未知粒子的"芳踪"，让我们拭目以待。

作者简介

冯磊　中国科学院紫金山天文台副研究员。研究方向：粒子宇宙学和暗物质间接探测。

袁强　中国科学院紫金山天文台研究员。研究方向：高能天体物理、暗物质间接探测、宇宙线物理。

7.9 空间碎片：亦远亦近的太空垃圾

　　为解决垃圾围城问题，2019 年 7 月 1 日起，《上海市生活垃圾管理条例》正式实施，垃圾分类进入强制时代。一时间，网络上出现了许多段子，其中最有趣的一条是，上海市民每天都要经受两次来自老阿姨的灵魂拷问："侬是啥垃圾？"

　　实际上，垃圾围城的问题不仅存在于都市，在遥远的太空也同样存在着严重的环境问题。下面，我们就来说一说太空环境的最大污染源——空间碎片。

什么是空间碎片

　　联合国和平利用外层空间委员会 (United Nations Committe on the Peaceful Uses of Outer Space, UN COPOUS) 和机构间空间碎片协调

基于自主编目数据仿真预报 2019 年 7 月 10 日"东方红一号"的监测情况
| 图源：中科院空间目标与碎片观测研究中心

委员会 (the Inter - Agency Space Debris Coordination Committee, IADC) 对空间碎片的定义是：地球轨道上在轨运行或再入大气层的无功能的人造物体及其残块和组件。

空间碎片具体包括：完成任务的火箭箭体和卫星本体、火箭的喷射物、在执行航天任务过程中的抛弃物、空间物体之间碰撞产生的碎块等。换句话说：由人类的太空活动产生，又对人类没有功能的太空物体，都是空间碎片。

例如，1970 年发射的我国第一颗人造卫星"东方红一号"至今仍然在轨，但是随着其功能失效，从定义上讲，它早已是一个空间碎片。

再比如 SpaceX 公司推动的星联天文网络（Starlink），其首批 60 颗试验卫星已经通过猎鹰 9 号火箭成功发射，这些试验卫星在失效后，也将成为新的空间碎片。

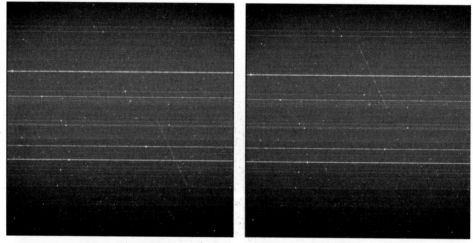

Starlink 一箭 60 星的实测图像 | 图源：中科院空间目标与碎片观测研究中心

空间环境的现状

自 1957 年第一颗人造地球卫星升空以来，截至 2019 年 7 月 1 日，人类共把 8 461 颗航天器送入轨道，其中 3 432 颗已经陨落，5 029 颗航天器仍然在轨。然而，在这 5 029 颗在轨运行的航天器中，仅有 1 000 多颗

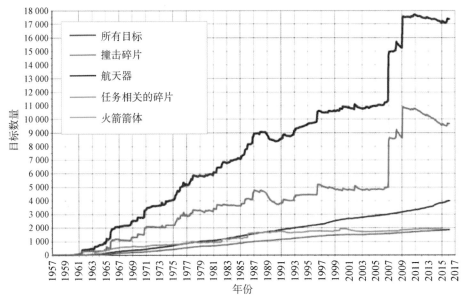

空间碎片数量增长图 | 图源：NASA

航天器仍然在正常工作，其余的都已经丧失功能变成了空间碎片。在此期间，太空还发生了数百次的在轨航天器或火箭解体、爆炸和撞击事件，产生了数量众多的空间碎片。

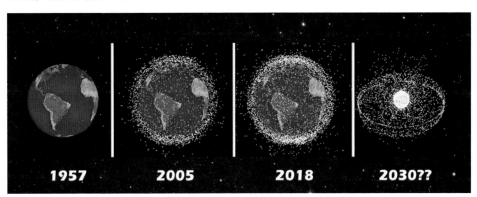

空间碎片环境变化 | 图源：NASA

这样，在太空就形成了一个人为的外层空间环境——空间碎片环境。据统计，目前有数亿毫米级以上的空间碎片运行在地球轨道空间，总质量达到几千吨。

7. 探测技术与方法

空间碎片对在轨航天器的危害

太空中如此多的空间碎片，会对在轨航天器的安全运行造成极大的威胁。目前，中国在轨航天器已超过 500，与空间碎片在 100 米以内的近距离危险交会，平均每年发生数十次。虽然大部分空间碎片的尺寸较小，但空间碎片运行速度非常快，平均速度是子弹的二十倍。因此，小尺寸空间碎片也具备极大的动能，一旦撞上航天器，将造成灾难性的后果：厘米级以上空间碎片可以导致航天器彻底损坏，毫米级或微米级空间碎片可以导致航天器性能下降或功能失效。

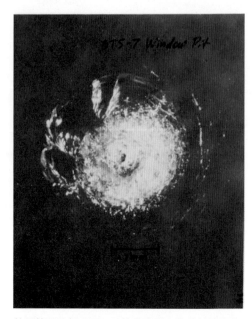

美国航天飞机 STS-7 舷窗玻璃上的碎片撞击坑
| 图源：NASA

地球轨道空间不可承受之重

更为紧迫的是，随着航天发射门槛的降低，空间碎片数量的增长速度还在不断加快。在低地球轨道区域，厘米级空间碎片由 2005 年的 30 万个增长到 2015 年的 50 万个。

根据美国空间碎片研究专家 Kessler 的研究结果，按照目前的空间碎片增长速度估算，如果不采取任何措施，70 年后空间碎片数量将达到发生碎片链式撞击效应的临界值，之后近地空间将彻底不可用。这就意味着我们的子孙后代将无法再继续探索星空，因此联合国（United Nations, UN）、

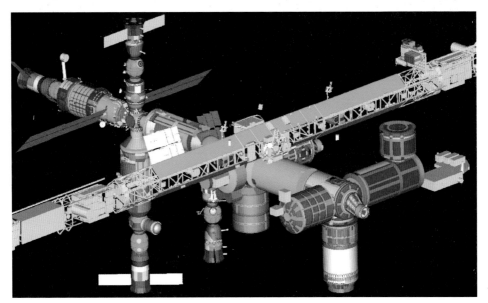

国际空间站碎片防护结构示意图 | 图源：NASA

IADC、欧洲空间局（ESA）等国际组织已陆续编写了各项太空行为准则，对各国的太空活动进行约束和规范，避免人为原因产生更多的碎片。

改善空间环境的技术手段

那么如何通过技术手段改善空间环境，避免空间碎片损坏我们的卫星和载人飞船、空间站呢？

第一种是被动防护，即在航天器的表面采取防护措施，比如安装防护板。

第二种是主动防护，即开展空间碎片的跟踪观测，通过轨道计算确定航天器与较大尺寸空间碎片的轨道，并计算航天器与碎片发生碰撞的概率，一旦碰撞概率到达预警值，就让航天器进行规避机动。

第三种是开展主动碎片移除，即发射专用的航天器，通过机械臂抓捕、飞网捕捉、太阳帆和激光移除等多种方式把较大尺寸的碎片清除。

第四种是空间碎片减缓，例如对地球低轨道上的碎片进行降轨使其进入大气层烧毁，令地球同步轨道碎片升轨而进入坟墓轨道，从而达到保护在轨

7. 探测技术与方法

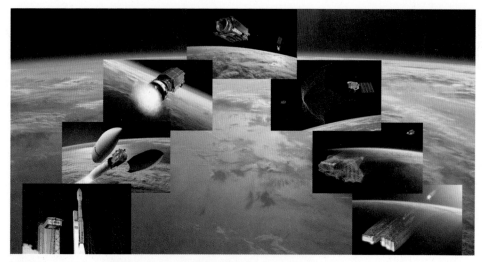

e.deorbit 碎片主动清除任务概念图 | 图源：ESA

航天器不受碎片撞击或大幅降低撞击风险的目的。

　　空间碎片在离我们数百甚至上万千米的太空，但是空间环境的保护问题事关人类太空的发展，离我们每个人都很近。保护太空环境，给我们的子孙后代留下一个灿烂的星空，是我们全人类的共同职责。

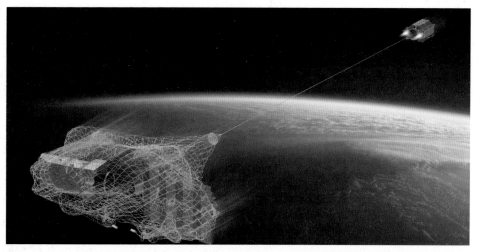

e.deorbit 飞网捕捉碎片示意图 | 图源：ESA

韦栋　中国科学院紫金山天文台高级工程师。研究方向：空间目标轨道动力学。